KB235156

교과서가 만만해지는
과학이야기 1
별은
연금술사?

1판 1쇄 인쇄 | 2012년 8월 10일
1판 1쇄 발행 | 2012년 8월 16일

지은이 | 정완상
펴낸곳 | 도서출판 거인
펴낸이 | 박형준
디자인 | 출판iN

등록번호| 제10-2363호
주   소 | 서울시 마포구 공덕동 456번지 르네상스타워 1111호
전   화 | 02) 715-6857, 6859
팩   스 | 02) 715-6858

책값은 표지 뒤쪽에 있습니다.
ISBN 978-89-6379-078-7   63430

◆ 정완상(국립 경상대학교 교수) 지음
◆ 한미애(계촌중학교 과학 교사) 추천

거인

차례

위대한 과학자들은 과학을 사랑하는 학생들에게는 꿈과 희망을 주는 별입니다. 거인출판사에서《별은 연금술사?》라는 책을 써달라는 제의를 받고, 화학의 역사를 빛낸 수많은 화학자들을 떠올렸습니다. 또한 이들 화학자들의 새로운 과학에 대한 도전의 역사를 어떻게 잘 정리하는가를 놓고 많은 고민을 했습니다.

과학은 명확한 대상을 연구하는 학문입니다. 그러므로 이 책은 과학 분야 중의 하나인 화학에 대해 연구한 과학자들의 이야기입니다. 이 책을 쓰면서 화학이라는 명확한 대상을 놓고 과학자들이 어떤 생각을 가졌는지를 과학의 역사에 초점을 맞추어 서술하면, 학생들에게 가장 도움을 줄 수 있겠다는 생각이 들었습니다.

화학의 역사가 연금술이라는 약간은 허황된 이론부터 시작되었다는 것은 누구나 다 알고 있는 사실입니다. 하지만 그릇된 이론이라고 해서 연금술이 화학의 발전에 기여를 하지 않았다고 생각할 수는 없습니다. 연금술사들에 의해 수많은 화학 실험 장치와 많은 새로운 물질

들, 그리고 수소와 산소와 같이 눈에 보이지 않는 기체들을 발견하게
되었으니까요.

그래서 이 책에서는 연금술의 뿌리부터 출발해, 고대 그리스 과학
자들의 물질론, 중세의 플로지스톤 이론, 라부아지에의 질량 보존의 법
칙, 돌턴의 원자설 등에 대해 자세하게 서술했습니다. 그리고 현대의
첨단 화학에는 어떤 것이 있는가도 곁들였습니다.

이 책을 쓰는 과정에서 올바른 자료를 수집하는 것이 제일 중요했습
니다. 국내외에 출판된 많은 과학서적들에는 서로 상충되는 자료들이
많아 가장 인정받을 수 있는 외국의 저명한 사이트를 참조하여 과학자
들이 실제로 한 일들을 알기 쉽게 써 보았습니다.

이 책을 쓰면서 그동안 몰랐던 많은 것들을 알게 되어 기뻤습니다.
과학자들의 개인적인 에피소드나 연구하는 방법들을 통해 저자 자신
도 많은 도움을 받았습니다. 이 책을 쓰면서 저자가 국립 경상대학교
에서 교양 강좌로 가르치는 〈현대 과학의 이해〉라는 과목을 가르칠 때
큰 도움을 얻게 되었습니다.

어쩔 수 없이 시대 순으로 과학자들을 모았고, 비교적 연금술에 대
해 많은 지면을 할애했습니다. 하지만 복잡한 수식이나 공식은 피해 어
린이들이 본문을 읽어 나가는 데 어려움을 겪지 않도록 배려했습니다.

그동안 어린이나 청소년을 위한 수많은 과학 책을 썼지만 이번 책처
럼 좋은 사진과 삽화와 함께 화학의 역사를 한눈에 볼 수 있는 책을
집필한 적은 없었습니다. 저는 이 책이 미래의 화학자를 꿈꾸는 어린

영재들에게 큰 힘을 줄 수 있을 거라고 굳게 믿습니다.

　이 책을 쓰는 데 큰 도움을 준 대학원생 정민 군에게 감사를 드립니다. 그리고 부족한 원고를 학생들이 읽기 쉽도록 멋지게 편집해 준 거인출판사의 편집부에도 감사를 드립니다. 마지막으로 이 책이 나올 수 있도록 물심양면으로 도와주신 거인출판사의 사장님과 출판사 가족 여러분에게 감사를 드립니다.

지은이　정완상

제1교시

화학의 탄생

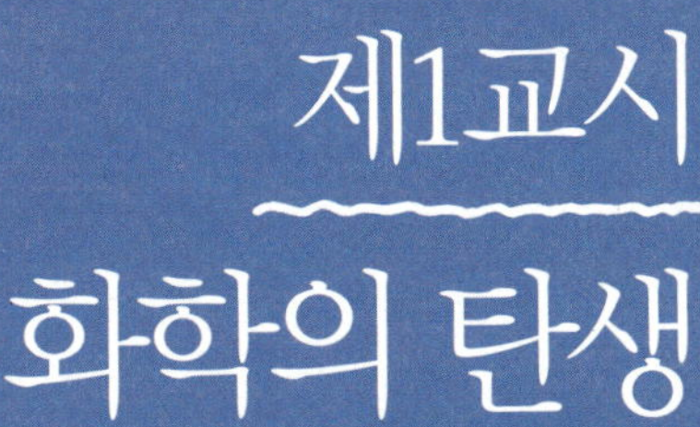

세상은 어떤 물질들로 이루어져 있을까?

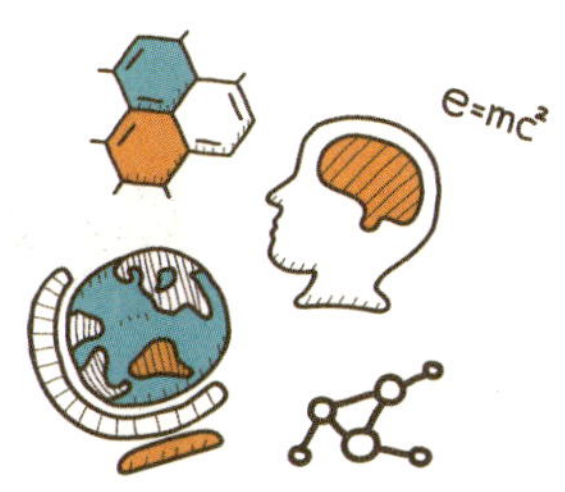

여러분에게 십 원짜리 동전을 금이나 은으로 바꿀 수 있는 능력이 있다면 어떻게 될까? 그렇게 된다면 여러분 모두 부자가 될 수도 있을 것이다.

그런데 오래전에는 실제로 이러한 생각을 한 사람들이 있었다. 그들은 바로 '연금술'이라는 기술을 다루는 '연금술사'였다. 연금술은 납이나 철과 같이 흔한 금속을 이용하여 금이나 은과 같은 귀금속을 만드는 기술이었다. 연금술은 마법과 같은 것으로 여겨질 수도 있지만, 역사상 가장 오랜 기간 동안 수많은 사람들이 이 연금술을 연구했다.

연금술은 영어로 'alchemy'라고 부르는데, 'chemy'는 나중에 화학을 뜻하는 영어 단어 'chemistry'로 사용되었다. 즉, 연금술이 오늘날

물체인 책상

물질인 나무

의 화학을 낳게 한 것이다. 그러므로 연금술을 이용하여 금을 만들려고 했던 연금술사들은, 바로 최초의 화학자라고 할 수 있다.

자! 이제 연금술이 무엇인지 알아보았으니, 연금술이 등장하기 전에 화학이 어떻게 시작되었는지 알아보도록 하자. 그러기 위해서는 우선 기원전 시대의 그리스 학자들을 만나야 한다. 화학은 물질의 변화를 살펴보는 과학이다. 고대 그리스의 학자들은 세상을 이루는 물질들에 관심이 있었다.

그런데 여러분은 물체와 물질의 차이를 알고 있는가? 물체는 공간의 일부분을 차지하며 구체적인 모양을 갖고 있는 것을 말한다. 우리 주변에서 흔히 볼 수 있는 자동차, 컴퓨터, 책상 등은 모두 물체라고 할 수 있다. 반면에 물질은 이런 물체들을 이루고 있는 성분을 말한다. 책상은 나무라는 물질로 이루어져 있고, 어항은 유리라는 물질로, 풍선은 고무라는 물질로 이루어져 있는 것이다.

그렇다면, 이 세상의 모든 사물을 이루는 가장 근본이 되는 물질은 무엇일까? 과학 책을 많이 읽은 사람이라면 '원자' 혹은 '쿼크'라고 대답할 것이다. 하지만 고대 그리스 철학자들의 생각은 좀 달랐다. 그리스의 탈레스(기원전 624년경~기원전 546년경)는 이 세상의 모든 사물이 기본 물질들로 이루어져 있다고 믿었고, 모든 사물의 근원이 되는 그 기본 물질들을 원소라고 불렀다. 그렇다면 탈레스가 생각한 원소는 무엇이었을까? 그것은 바로 물이었다.

탈레스가 살았던 밀레토스 지역은 지중해 연안에 있었는데, 기온이 따뜻해서 대부분의 사람들이 농사를 지으며 살았다. 농사를 짓기 위해서는 햇빛과 물이 필요하다. 탈레스는 농사를 짓는 데 물이 얼마나 중요한지를 어릴 때부터 알고 있었다.

어느 날, 탈레스는 사람이나 동식물이 살아가는 데 가장 필요한 물질이 무엇인지 생각했다. 그래서 그는 세상에서 가장 소중한 것이 물이라고 생각했다. 그는 다음과 같은 이유를 내

✦ 탈레스

고대 그리스의 철학자 탈레스는 자연과학의 시조로 불린다. 모든 사물의 근원을 물이라고 주장했으며, 최초로 피라미드의 높이를 측정했다.

세우며, 물이 이 세상 모든 사물의 근원이라고 생각했다.

"물질은 제각기 서로 다른 모양을 하고 있죠. 물렁물렁한 물질도 있고, 단단한 물질도 있으며, 연기처럼 하늘로 날아 올라가는 물질도 있어요. 물질이 이렇게 서로 다른 모양을 가지고 있는 것은 물이 세 가지의 모습을 가지고 있기 때문이죠. 물은 추워지면 얼음처럼 딱딱한 성질을 가지고, 평상시에는 냇물처럼 흐르는 성질을 가지며, 뜨거워지면 수증기가 되어 위로 올라가는 성질을 지니고 있죠. 그러므로 물질이 어떤 모양의 물로 이루어져 있는가에 따라 물질의 모양이 달라지는 것이죠."

유명한 학자였던 탈레스는 많은 제자들을 가르쳤다. 그의 제자 중 유명한 사람으로는 아낙시만드로스와 아낙시메네스가 있다.

아낙시만드로스(기원전 610년경~기원전 546년경)는 기본 원소에 대해 스승인 탈레스와 다르게 생각했다. 탈레스가 물이 세상을 이루는 기본 원소라고 생각한 반면에 그는 세상을 이루는 기본 원소는 무한한 물질이라고 생각했다. 그는 이것을 '아페이론(apeiron)'이라고 불렀다. 아낙시만드로스는 자연 현상을 합리적으로 설명한 사람이었다. 예를 들어, 천둥은 바람이 갈라져서 생긴 현상이고, 번개는 구름이 갈라져서 생긴 현상이라고 주장했다.

아낙시메네스 역시 스승과 다르게 기본 원소를 공기라고 생각했다.

그는 공기가 모여 있느냐 퍼져 있느냐에 따라 물질이 다른 모양을 띤다고 생각했다. 즉, 공기가 희박하면 불이 되고, 공기가 점점 압축되면 바람, 구름, 물, 흙, 돌 등으로 점점 단단해진다고 주장했다.

기원전 6세기와 5세기에도 고대 그리스의 학자들은 여전히 기본 원소에 대해 관심을 보였다. 기원전 6세기에 헤라클레이토스(기원전 540년경~기원전 480년경)는 불을 기본 원소로 생각했다. 또한 그는 이 세상의 모든 물질은 끊임없이 변하고 있다고 생각했다. 그는 이렇게 주장했다.

"이 세상에 변하지 않는 물질은 없죠. 물질은 끊임없이 변해야 해요. 완전히 정지해 있는 물체가 있을까요? 그런 건 없어요. 겉으로 보기에는 정지해 있는 것으로 보이지만 사실 물체 속에서는 서로 반대되는 성질을 가진 것들 사이에 끊임없는 상호작용을 하고 있을 거예요."

한편, 시칠리아의 엠페도클레스(기원전 490년경~기원전 430년경)는 이 세상의 모든 물질은 4개의 기본 원소인 물, 불, 공기, 흙으로 이루어져 있다는 4원소설을 주장했다. 그는 이렇게 말했다.

"모든 물질은 이들 4가지 기본 원소들이 합쳐지거나 분리되어 만들어지죠. 이들 원소는 사랑의 힘으로 합쳐지고 미움의 힘으로 분리되죠. 태초에 우주에는 4가지 기본 원소들을 결합시키는 사랑이 힘이 컸지만 우주가 진화해 가면서 미움의 힘이 강해져서 이들 기본 원소

플라톤은 기원전 385년경 아테네에 아카데메이아(Academeia)를 개설하여 연구와 교육에 몰두했다. 그는 《소크라테스의 변명》, 《크리톤》, 《파이돈》, 《향연》, 《국가론》 등 여러 책을 남긴 학자였다. 이 동상은 그리스 아테네 시내에 있는 플라톤상이다.

들을 서로 밀치게 되었죠. 물질이 변하는 이유는 뭘까요? 그건 이들 4가지 기본 원소의 비율이 달라지기 때문이에요."

이러한 엠페도클레스의 4원소설은 훗날 플라톤(기원전 428년경~기원전 348년경)의 원소론과 아리스토텔레스(기원전 384년~기원전 322년)의 4원소설에 큰 영향을 주었다. 플라톤은 과학자보다는 철학자로 더 많이 알려져 있지만 그의 자연에 대한 생각은 제자인 아리스토텔레스에게 큰 영향을 주었다. 그러므로 그의 자연에 대한 생각을 알아볼 필요가 있다. 그는 고대 그리스의 철학자이자 수학자인 피타고라스의 영향을 받아 도형의 모형을 중요시했다. 그는 신이 수학적인 원리에 따라 우주를 만들었다고 믿었다.

플라톤은 우주의 모든 천체들이 일정한 속력으로 원 운동(물체가 원의 둘레를 따라서 도는 운동)을 한다고 믿었다. 그는 원이야말로 가장 완전한 모양이므로 조물주(우주의 모든 것을 만든 신)가 세상을 만들면서 이 형태를 택했다고

 별은 연금술사?

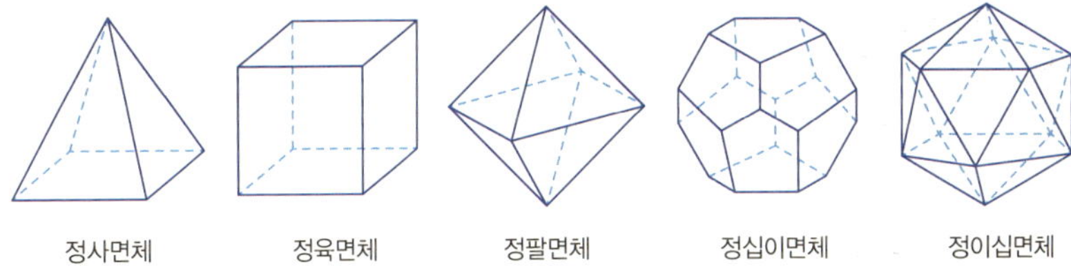

🔷 **플라톤의 4원소설**

플라톤은 불은 정사면체, 흙은 정육면체, 공기는 정팔면체, 물은 정이십면체 모양이라고 생각했다.

생각했다.

플라톤은 엠페도클레스의 4원소를 가장 간단한 입체 도형으로 설명했다. 그는 4가지 기본 원소를 정다면체(각 면이 모두 같은 입체 도형)들로 생각했다. 즉, 불은 정사면체, 흙은 정육면체, 공기는 정팔면체, 물은 정이십면체 모양이라고 생각했다. 플라톤은 이렇게 주장했다.

"불은 정사면체의 모양이므로 가장 작고 날카로워서 잘 움직이죠. 물, 불, 공기는 모든 면이 삼각형이지만 흙은 모든 면이 정사각형입니다. 그러므로 흙은 4개의 기본 원소 중에서 가장 안정적인 형태입니다. 정다면체에는 앞에서 얘기한 4가지 이외에 하나가 더 있습니다. 그건 바로 정십이면체입니다. 그러므로 엠페도클레스가 얘기한 4개의 기본 원소 외에 정십이면체의 모양을 가진 제5원소가 있어야 합니다. 하지만 제5원소가 무엇인지는 저도 잘 모르겠습니다."

아리스토텔레스

아리스토텔레스는 자연과학을 발전시킨 학자였다. 그는 《형이상학》, 《오르가논》, 《자연학》, 《시학》, 《정치학》 등의 책을 남겼다.

그럼, 플라톤의 생각에 따라 기본 원소들이 바뀌는 과정에 대해 알아보도록 하자. 모든 면이 정삼각형으로 이루어져 있는 물은 정삼각형으로 이루어져 있는 공기나 불로 쉽게 변할 수 있다. 하지만 정사각형으로 이루어져 있는 흙으로는 변할 수 없다. 흙은 다른 원소들로 쉽게 바뀌지 않는 가장 안정된 원소이기 때문이다.

아리스토텔레스는 엠페도클레스가 주장한 4원소설을 토대로 또 다른 4원소설을 만들어 물질이 변화하는 것은 4개의 기본 원소가 변화하기 때문이라고 설명했다.

아리스토텔레스는 4원소들 사이의 관계를 다음과 같이 그림으로 나타냈다.

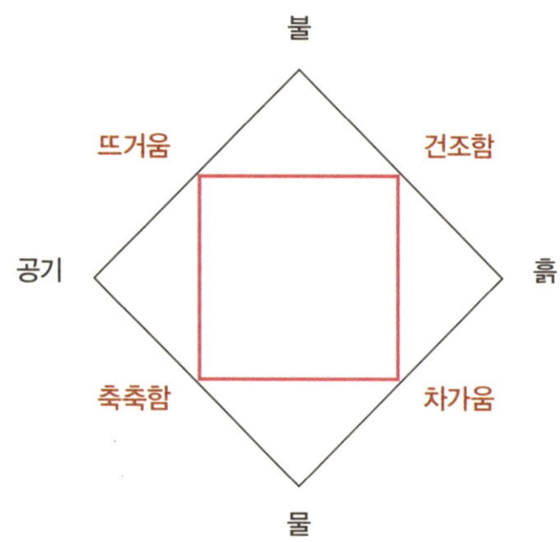

아리스토텔레스의 4원소설에 따르면, 이 세상에는 차가움, 뜨거움, 건조함, 축축함의 4가지 성질이 있는데, 4개의 기본 원소는 이 성질들 중 두 가지씩을 지니게 된다. 따라서 이들이 어떤 비율로 섞여 있는가에 따라 물질은 다른 성질을 지니게 된다. 이제 아리스토텔레스의 주장을 살펴보자.

"물은 차가운 성질과 축축한 성질을 가지고 있죠. 그중에서 축축한 성질이 건조한 성질로 변하면 흙의 성질을 띤 물이 되죠. 그것이 바로 얼음입니다. 또 물을 데우면 수증기가 생기죠? 그것은 물의 차가운 성질이 뜨거운 성질로 변해 공기의 성질을 띤 물인 수증기가 된 것입니다."

아리스토텔레스는 자연과학을 발전시킨 위대한 학자였지만 그리스 시대의 모든 물리학자들이 그의 4원소설을 지지한 것은 아니었다. 아리스토텔레스는 지구에 있는 모든 물질이 4개의 기본 원소로 이루어졌다고 생각했는데, 이들 물질은 눈에 보이는 것들이었다.

아낙사고라스(기원전 500년경~기원전 428년경)는 물질을 이루는 기본 원소는 매우 작아야 하는 것이 아닌가 하고 의문을 제기했다. 그는 이 세상의 물질들은 눈에 보이지 않는 아주 작은 알갱이들로 이루어졌다고 주장했다. 그는 '누스(nus)'라고 부르는 눈에 보이지 않는 아주 작은 알갱이들로 사물이 이루어져 있다고 주장했다. 아낙사고라스는 무

데모크리토스는 세계 최초로 원자를 생각해 낸 학자였다.

한히 많은 누스로 인해 물질이 변화한다고 설명했다. 그는 모든 물질은 원래부터 있었는데, 모든 물질은 모든 것의 부분이기 때문에 순수한 물질이란 존재하지 않는다고 주장했다.

또한 레우키포스는 이 세상의 물질들이 아리스토텔레스의 4원소설처럼 어떤 힘에 의해 결합되고 분리되는 것이 아니라고 주장했다. 이 세상에는 처음부터 눈에 보이지 않는 아주 작은 알갱이들이 있었고, 이들이 서로 부딪치며 소용돌이를 치면서 우리의 눈에 보이는 물질들이 만들어졌다고 생각했다.

레우키포스의 생각은 그의 제자인 데모크리토스(기원전 460년경~기원전 370년경)에게 전해졌다. 그는 레우키포스가 생각한 눈에 보이지 않는 작은 알갱이를 '더 이상 쪼갤 수 없는 것'이라는 뜻을 가진 '원자(atom)'라고 불렀다. 그는 원자들이 모여서 우리의 눈에 보이는 물질을 만들어 내는 것이라고 주장했다.

"물질을 쪼개다 보면 더 이상 쪼개지지 않는 기본 입자가 있습니다. 그것이 바로 원자이죠.

그렇다면, 4원소설과 데모크리토스의 원자는 어떤 차이가 있을까? 4원소설에 따르면 물질을 쪼개고 쪼개면 물질의 기본 원소들이 점점 줄어들게 되어 결국에는 아무것도 남지 않게 된다. 하지만 데모크리토스는 물질을 쪼개고 쪼개면 더 이상 쪼갤 수 없는 가장 작은 알갱이가 된다고 생각했다. 이 가장 작은 알갱이가 바로 물질을 이루는 기본 요소인 원자인 것이다.

데모크리토스의 원자설에 따르면 모든 물질은 아주 작은, 무수히 많은 원자로 이루어져 있으며, 이 원자들은 계속해서 움직인다. 또한 원자들은 서로 다른 크기와 모양으로 오래전부터 존재했던 것이며, 원자들은 모양과 위치에 따라 성질이 달라진다.

데모크리토스는 원자설을 이용하여 많은 현상을 설명했다. 소금이 물에 녹는 것은 소금을 이루는 원자들이 물속의 진공(물질이 전혀 존재하지 않는 공간. 우리가 사는 지구 밖의 우주 공간은 대부분 진공 상태이다.) 속에 숨어 있기 때문에 보이지 않는 것이라고 생각했다. 그는 물고기가 바다에서 헤엄칠 수 있는 것도 바로 진공이 존재하기 때문이라고 주장했다. 만일 진공 없이 공간이 모두 원자로 가득 차 있으면 물고기가 헤엄칠 수 없다고 생각했다.

데모크리토스는 진공 속의 원자의 운동은 영원히 계속되며, 운동에는 직선 운동, 원운동, 소용돌이 운동이 있다고 생각했다. 이때 가벼운 원자는 바깥으로, 무거운 원자는 안쪽으로 몰려든다. 안쪽으로 몰려든 무거운 원자들은 땅과 물을 이루게 되고, 바깥으로 밀려나는 것들은 공기, 불, 하늘을 이룬다고 생각했다. 데모크리토스의 원자론은 훗날 돌턴(1766년~1844년)의 원자설에 큰 영향을 주었다.

4원소설로 우주를 설명할 수 있을까?

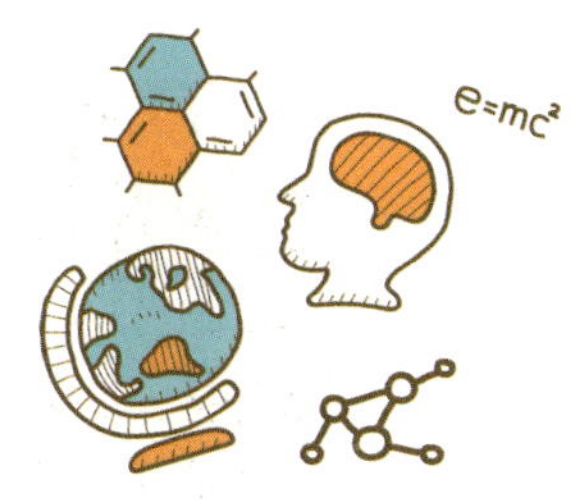

아리스토텔레스는 자연 속에는 질서가 있다고 믿었다. 그는 물체의 여러 가지 운동을 조사하면 자연 속에 숨어 있는 질서를 찾을 수 있다고 생각했다.

아리스토텔레스는 폭포의 물이 아래로 떨어지거나 연기가 위로 올라가는 것과 같은 운동을 관찰하며, 운동에는 두 종류가 있다고 주장했다. 즉, 운동에는 자연스러운 운동과 강제적인 운동이 있다고 한 것이다.

그의 생각에 따르면 자연스러운 운동은 고향을 찾아가는 운동이다. 뜨거운 성질을 가진 물질의 고향은 하늘이고, 차가운 성질을 가진 물질의 고향은 땅이다. 그래서 차가운 성질을 가진 물과 흙은 아래로 떨

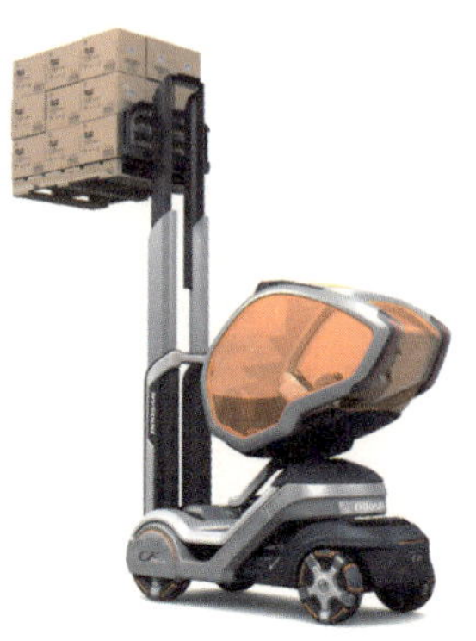

✺ 자연스러운 운동과 강제적인 운동

아리스토텔레스는 차가운 성질을 가진 물이 아래로 떨어지고, 뜨거운 성질을 가진 불이 위로 올라가는 것은 자연스러운 운동이라고 생각했다. 반면에 땅바닥에 떨어져 있는 돌멩이를 위로 들어 올리는 것은 강제적인 운동이라고 생각했다.

어지고, 뜨거운 성질을 가진 불과 공기는 위로 올라가는 것이다.

그렇다면 강제적인 운동은 무엇일까? 땅바닥에 떨어져 있는 돌멩이를 위로 들어 올리는 것은 고향(땅바닥)에 있는 돌멩이를 강제로 타향(땅 위)으로 보내는 운동이다. 이렇게 강제로 고향을 떠나게 하는 운동이 바로 강제적인 운동인 것이다.

아리스토텔레스는 특히 물체의 낙하 운동에 관심이 많았다. 그는 물체가 낙하하는 데 걸리는 시간이 물체의 무게에 의해 결정된다고 믿었다. 그래서 물체는 무거울수록 빨리 떨어진다고 생각했다. 따라서 물체가 두 배 무거워지면 두 배로 빨리 떨어진다고 생각한 것이다. 그래서 가벼운 종이는 천천히 떨어지고 무거운 돌멩이는 빨리 떨어진다고 주장했다.

하지만 그의 낙하 운동에 관한 법칙은 훗날 갈릴레이(1564년~1642년)에 의해 바뀌게 되었다. 갈릴레이는 물체가 무겁든 가볍든 같은 빠르기로 땅에 떨어진다는 낙하 법칙을 주장했다.

그런데 우리는 갈릴레이의 이러한 주장에 대해 의문이 들 것이다. 실제로는 돌멩이가 종이보다 먼저 떨어지기 때문이다. 이러한 의문에 대해 갈릴레이는 다음과 같이 주장했다.

"그것은 종이가 가볍고 돌멩이가 무거워서가 아니라 공기의 저항 때문입니다. 종이는 떨어지면서 공기의 저항을 많이 받아 에너지를 많이 빼앗겨 천천히 떨어지는 것입니다. 만일 공기가 없는 달에서 종이와 돌멩이를 떨어뜨린다면 둘 다 똑같이 떨어질 것입니다. 하지만 아리스토텔레스는 공기의 저항에 대해 몰랐으므로 잘못된 낙하 법칙을 찾아낸 것입니다."

아리스토텔레스는 서양 학문의 체계를 세운 학자였다. 그래서 아리스토텔레스의 추종자들은 2000여 년 동안이나 물체의 낙하 운동에 대한 아리스토텔레스의 주장을 따랐다. 따라서 코페르니쿠스(1473년~1543년)의 지동설(지구가 태양을 중심으로 돈다는 주장)이나 갈릴레이의 낙하 법칙에 의해 아리스토텔레스의 주장이 틀렸다는 것이 알려질 때까지, 사람들은 아리스토텔레스의 주장을 절대적으로 지지했다.

아리스토텔레스는 4원소 이외에 천체를 구성하는 제5원소를 주장

했다. 제5원소는 그가 천체의 영원한 운동을 설명하기 위해 생각해 낸
것이다. 그는 천체들의 운동이 변하지 않고 규칙적인 원운동을 하는
것은 제5원소가 있기 때문이라고 생각했다.

아리스토텔레스는 우주를 천상계와 지상계로 나누었다. 우리가 살
고 있는 지상계는 4원소로 이루어져 있고, 하늘 위의 천상계는 제5원
소로 이루어져 있다고 생각했다. 그는 운동에는 직선 운동과 원운동이
있는데, 지상계의 물질들은 직선 운동만 할 수 있고 천상계의 물질들
은 원운동만 할 수 있다고 생각했다.

돌멩이를 던지면 올라갔다가 떨어지지만 달은 지구로 떨어지지 않는
다. 아리스토텔레스는 돌멩이는 끝이 있는 직선 운동을 하게 하는 물
질이고, 제5원소는 끝없이 원운동을 하게 하는 물질이기 때문에 그런
것이라고 주장했다. 그래서 달과 같은 천상계의 천체들이 지구로 떨어
지지 않고 영원한 원운동을 할 수 있는 것이라고 생각한 것이다.

하지만 이러한 그의 생각과 주장들은 훗날 코페르니쿠스와 갈릴레
이 등에 의해 틀렸다는 것이 밝혀졌는데, 그 사실을 알아보기 전에 중
세 시대의 과학자들과 만나 보기로 하자.

 별은 연금술사?

제2교시

중세 과학과
연금술

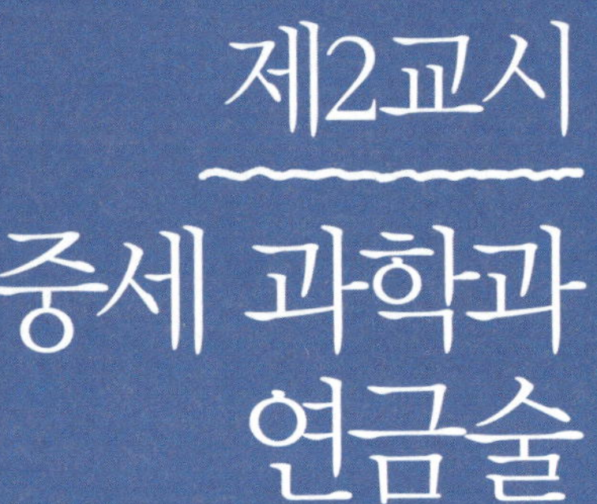

과학을 발전시킨 연금술

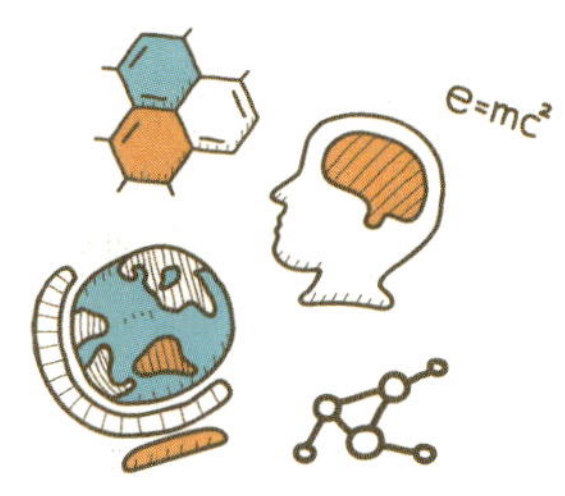

중세를 흔히 '암흑기'라고 부른다. 중세 시대에는 과학보다는 종교를 우선시해서 고대의 학자들이 이룩한 과학은 더 이상 발전하지 못하고 말았다. 이처럼 희망이 엿보이지 않는 시대를 일컬어 사람들은 암흑기라고 일컬었다.

하지만 중세에는 연금술사들이 있었다. 자연의 현상들에 대해 생각만 하던 고대의 학자들과는 달리 중세의 연금술사들은 최초로 과학적인 실험을 했다. 그들의 목표는 구리나 철과 같이 흔한 금속으로 값비싼 금을 만들어 내는 것이었다. 이러한 기술을 연금술이라고 하는데, 연금술은 아리스토텔레스의 4원소설을 기초로 하여 발전했다. 연금술은 기원전 322년에 이집트의 나일 강 상류에 세워진 도시 알렉산드리

기원전에 332년 알렉산드로스 대왕은 알렉산드리아를 건설한 후 이 도시를 수도로 삼았다. 이 도시는 학문과 과학의 중심지이기도 했다.

아에서 본격적으로 시작되었다.

알렉산드리아가 건립되기 수 세기 전부터 이집트에서는 금과 은 같은 보석을 만드는 기술이 발달하고 있었다. 이집트의 파라오(왕) 투탕카멘의 묘에서 발견된 엄청난 보석 제품들이 발견된 것을 보면 이러한 사실을 잘 알 수 있다. 이집트의 기술자들은 금의 모조품을 만들고 물체의 표면에 얇은 금박을 입히는 데도 능숙했다.

연금술이란 금이 아닌 물질들을 섞어 금을 만들어 내는 기술이다. 이러한 연금술은 아리스토텔레스의 4원소설 때문에 시작되었다. 아리스토텔레스는 4원소설을 주장하면서, 한 원소가 얼마든지 다른 원소로 변할 수 있다고 말했다. 이 주장에 따르면 납이나 수은 같은 금속도 성질을 변화시키면 금으로 바꿀 수가 있다. 아리스토텔레스는 4원소가 가장 완벽한 비율로 섞여 있는 금속이 금이라고 생각했다. 그러므로 불완전한 비율로 4원소가 섞여 있는 금속에서 4원소의 비율을 바꾸면 금을 만들 수 있다고 생각한 것이다.

아리스토텔레스는 금속은 근본적으로는 4원소로 이루어져 있지만 주성분은 2개의 증기, 즉 흙의 증기와 물의 증기로 이루어져 있다고 생

 별은 연금술사?

각했다. 연금술사들은 불의 증기는 유황이고 물의 증기는 수은이며, 이들이 다른 비율로 섞여 서로 다른 금속을 만들어 낸다고 생각했다. 결국, 아리스토텔레스의 4원소설을 따르는 사람들과 이집트의 기술자들이 서로 만나 알렉산드리아에서 연금술과 관련된 실험들을 활발하게 진행했다.

연금술사들은 유황과 수은을 모든 금속의 부모라고 생각했다. 그리고 이 두 증기가 결합하여 '현자의 돌'이 만들어진다고 여겼다. 유황과 수은이 잘 결합하면 금이 만들어지며, 잘 결합하지 않으면 값싼 금속이 생긴다고 생각한 것이다.

연금술사들은 유황과 수은을 모든 금속의 부모라고 생각했다. 그리고 이 두 증기가 결합하여 '현자의 돌'이 만들어진다고 여겼다. 이 현자의 돌은 붉거나 흰 가루로, 금속을 금으로 바뀌게 하며, 만병통치약이자 영원히 죽지 않게 하는 약으로 통했다. 그러므로 연금술사들은 현자의 돌을 얻기 위해 실험을 했다.

사실 유황과 수은이 만나 화학 결합(원자들이 화합해 분자·이온·결정 및 다른 안정적인 화학종이 되는 상호작용)을 했을 때 얻어지는 것은 황화수은이다. 황화수은은 물이나 산이나 염기에 녹지 않는다. 황화수은은 이처럼 안정적인 물질이기 때문에 순수한 수은을 만들 때 사용된다. 황화수은은 300도 이상의 높은 온도에서 산소와 반응시키면 순수한 수은을 얻을 수 있다. 즉, 현대 화학의 입장에서 보면 황화수은

연금술은 금속과 관련 있으므로 연금술사들은 여러 금속을 나타내는 기호를 만들었다.

은 현자의 돌과는 거리가 멀다.

하지만 당시의 연금술사들은 일반적인 수은 증기와 유황 증기가 아니라 신비로운 힘을 가진 수은 증기와 유황 증기를 섞는다면, 현자의 돌을 만들어 낼 수 있을 것이라고 굳게 믿었다.

그렇다면 최초의 연금술사는 누구일까? 연금술사들은 자신의 이름이나 실험실을 철저하게 비밀로 했다. 또한 용어에 대해서도 제각각이었다. 예를 들면, 한 개의 금속을 가리키는 용어도 제각각이었다. 수은을 뜻하는 용어로는 '은의 물', '끊임없이 도망가는 것', '신의 물', '남성적 여성', '용의 알', '바다의 물', '달의 물', '검은 황소의 젖' 등 여러 개가 있었다. 연금술사 중에서 처음으로 이름이 밝혀진 사람은 서기 300년경 알렉산드리아에서 활동한 조시모스(Zosimos)이다. 그는 연금술 실험에 대한 최초의 기록을 남긴 사람이다. 조시모스는 28권에 달하는 저서를 통해 초기 연금술에 대한 내용을 남겼다. 하지만 조시모스는 자신의 책에 대부분 그만이 알아볼 수 있는 비밀스러운 언어를 사용했기 때문에 다른 사람들이 이해하기는 힘들다. 그러나 그가 연금술과 화학에 대해 지식이 풍부했다는 것을 그의 책들을 통해 알 수 있다.

수많은 실험 도구와 실험 방법들을 낳다

연금술에는 철학과 종교, 기술 등이 섞여 있었다. 이 때문에 연금술의 이론은 어려웠다. 연금술의 이론에는 플라톤, 아리스토텔레스, 피타고라스(기원전 580년경~기원전 490년경)의 철학과 종교, 점성술 등이 섞여 있었다. 연금술의 이론은 이탈리아 베니스의 마가 성당에 있는 문서에 나타난 〈클레오파트라의 금 만들기〉라는 그림에 잘 나타나 있다.

이 그림의 오른쪽 아래에는 증류기가 그려져 있고, 왼쪽 아래에는 한 마리의 뱀이 자신의 꼬리를 물고 있다. 뱀 바로 위에 있는 작은 몇 개의 도형은 창조를 상징하는 장식물이고, 그 위에 있는 원의 중심에는 오른쪽에서부터 금, 은, 수은을 나타내는 3가지 기호가 그려져 있

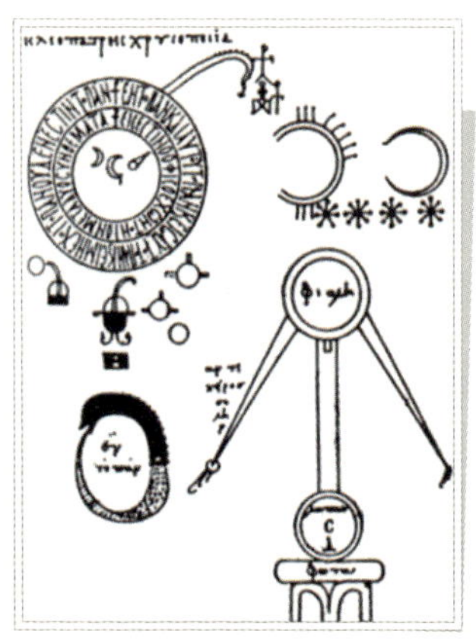

🔷 **클레오파트라의 금 만들기**

🔷 **스톡홀름 파피루스**

파피루스는 이집트에서 파피루스 풀의 줄기로 만든 종이이다. 이 파피루스의 제1페이지의 1행에서 33행까지에는, 은을 만드는 방법이 적혀 있다.

다. 그리고 오른쪽 위에 C를 뒤집어 놓은 그림은 값싼 금속들이 금으로 바뀌는 과정을 나타내고 있다. 이처럼 이 그림은 여러 가지 의미를 담고 있어서 어렵게 느껴진다. 그렇다면 초기의 연금술사들이 금을 만들기 위해 사용한 방법은 무엇일까? 처음에 그들은 구리나 납을 금으로 바꾸려고 했다. 이들은 '흑색화 → 백색화 및 황색화 → 광택화'의 과정을 거쳐 금을 만들려고 했다.

구리나 납과 같은 금속이 황과 결합하면 검은색을 띠는데 이것이 바로 흑색화이다. 그 다음 과정은 검은 물질을 하얗게 만드는 백색화 또는 노랗게 만드는 황색화 과정이다. 흑색화가 일어난 구리에 황화비소를 섞으면 표면이 하얗게 변하고, 석회석과 황, 식초로 만든 폴리황화칼슘을 섞으면 표면이 노랗게 변한다. 연금술사들은 백색화와 황색화가 일어나면 일단 금이 만들어졌다고 여겼다. 그 다음 과정은 표면에 심홍색의 무지갯빛이 생기는 광택화 과정이다.

연금술사들은 이런 과정을 거쳐 금을 만

들려고 했기 때문에, 수많은 실험 도구들을 발명했다. 그중 일부는 오늘날에 화학 실험을 할 때에도 사용되고 있다. 연금술 덕분에 과학 실험 도구들이 발명된 것이다.

초기의 연금술사들이 가장 많이 사용한 것은 증류기였다. 이들이 만든 증류기는 세 부분으로 이루어져 있었다.

마리아는 금속을 증기로 처리하기 위한 장치를 만들었는데, 바로 '케로타키스(kerotakis)'라는 장치였다. 케로타키스 안에 한 가지 이상의 값싼 금속을 받침대 위에 올려놓고 불을 지피면, 유황 증기가 금속과 반응하여 황화물을 만들어 낸다. 즉, 케로타키스는 연금술의 첫 번째 과정인 흑색화 과정을 위한 장치였다.

알렉산드리아의 연금술사들은 고체 가루를 액체로 용해(물질을 녹여 용액을 만드는 것)시키는 실험도 했다. 이 실험은 거름종이를 이용하여 입자의 크기가 다른 두 물질을 걸러내는 과정, 결정화(용액이나 용해물 등으로부터 결정이 이루어지는 것) 과정, 승화(고

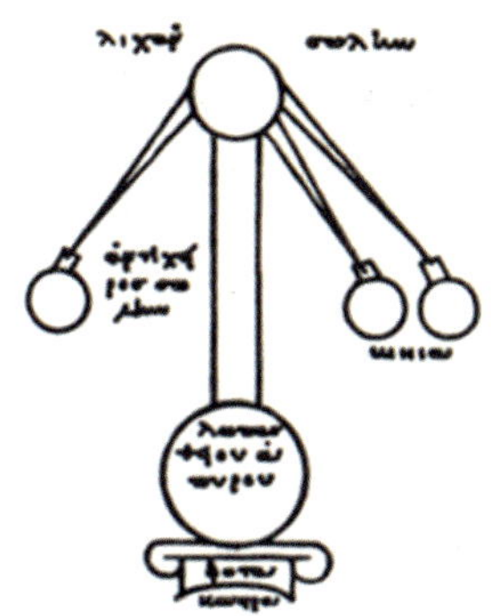

마리아의 증류기

이 증류기는 직접 가열시키는 몸체와 몸체의 윗부분을 덮는 머리 부분, 그곳에서 세 개의 유출관을 통해 증류액을 받는 부분이 있다. 참고로 〈클레오파트라의 금 만들기〉에서 사용된 것은 2개의 유출관이 있는 증류기였다.

기원전부터 19세기까지 사용된 증류기

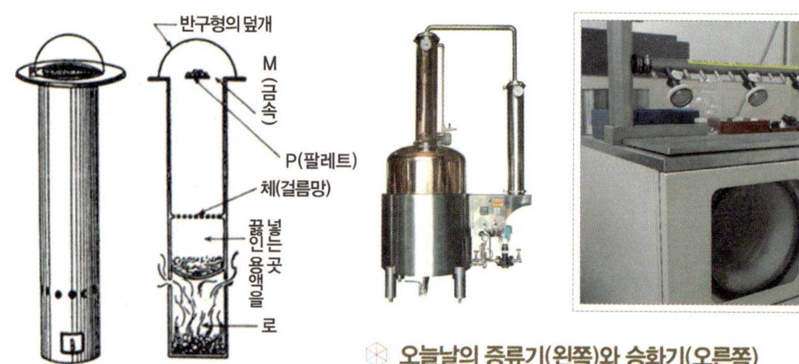

◈ **케로타키스의 원리**

◈ **오늘날의 증류기(왼쪽)와 승화기(오른쪽)**
증류기는 끓는점의 차이를 이용하여 혼합 액체를 증류시켜 성분이 비교적 순수한 것을 얻는 장치이고, 승화기는 고체를 진공 속에 두고 승화하는 온도까지 가열하는 장치이다.

체에 열을 가해 기체로 변하는 현상. 얼음이 증발하는 경우나 드라이아이스 등에서 승화 과정을 볼 수 있다.) 과정과 증류(액체를 가열하여 생긴 기체를 냉각하여 다시 액체로 만드는 것) 과정 등을 거쳤다.

증류에 관한 기술은 점점 발전했다. 처음에는 플라스크에서 올라온 증기를 응축시키고 꼭지를 통해 용기 안에 내려 보냈는데, 나중에는 물을 이용하는 응축기라는 장치가 발명되었다. 이렇게 알렉산드리아의 연금술은 수많은 실험 도구와 실험 방법을 개발하는 데 기여했다.

 별은 연금술사?

연금술과 의학

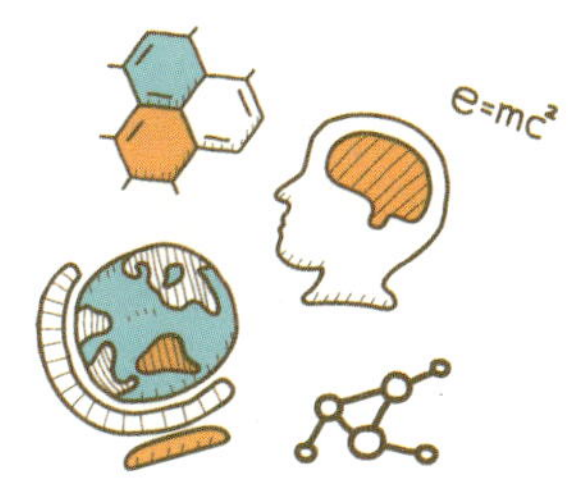

고대 그리스의 엠페도클레스는 사람의 뼈는 불, 물, 흙이 4:2:2의 비율로 이루어져 있고, 피와 살은 불, 공기, 물, 흙이 1:1:1:1의 비율로 이루어져 있다고 생각했다. 그리고 이 비율이 달라지면 사람은 병에 걸린다고 주장했다.

이것이 시작이 되어 연금술사들은 연금술을 의학에 이용하려고 했다. 처음으로 의학에 연금술을 적용한 사람은 의학의 아버지라 불리는 히포크라테스(기원전 460년~기원전 370년경)이다. 그는 아리스토텔레스의 4원소설을 이용했다.

히포크라테스는 우리 몸에는 네 가지 체액이 있는데, 이들이 균형과 조화를 잃게 되면 병에 걸린다고 생각했다. 히포크라테스가 생각한 네 가지 체액은 불의 성질을 가진 혈액과 물의 성질을 가진 점액, 흙의 성

갈레노스

갈레노스는 세계 최초로 인간을 해부한 의학자로 알려져 있다. 그는 아프리카 원숭이를 해부해 근육과 뼈 조직을 정확히 관찰했고, 일곱 쌍의 뇌신경을 알아냈다. 또한 그는 심장 속의 판막을 처음 발견했고, 정맥과 동맥의 차이를 처음으로 알아냈다.

질을 가진 흑담즙, 공기의 성질을 가진 황담즙이 었다.

그는 이들 네 가지 체액이 균형을 이루면 건강하고, 그렇지 않으면 병에 걸린다고 주장했다. 만일, 혈액에 이상이 있으면 불의 성질을 가진 약을 먹으면 건강해진다고 생각했다.

그 후 소아시아 출신의 의학자 갈레노스(129년~216년경)는 히포크라테스의 4체액설에 세 개의 정기를 도입했다. 그가 도입한 세 개의 정기는 자연정기, 생명정기, 정신정기였다. 그의 이론에 따르면 간은 음식물을 소화시켜 혈액에 자연정기를 주고, 혈액은 인체의 각 부분으로 흘러가 흡수되며, 그중 일부는 폐로 흘러들어간다. 혈액이 폐에서 공기를 만나면 생명정기가 만들어져 이것이 몸 전체로 운반되고 뇌로 흘러들어간 생명정기는 정신정기로 바뀐다.

16세기 초가 되자 유럽의 연금술사들은 연금술을 의학에 이용하기 시작했다. 스위스 출신의 파라켈수스(1493년~1541년)는 연금술과 점성술을 공부했는데, 바젤에서 의사 생활을 하면서 연금술을 의학에 이용했다. 당시의 의

사들은 히포크라테스와 갈레노스의 체액설을 이용하고 있었는데, 비위생적이며 무모한 처방이 오히려 사람들의 수명을 단축시켰다. 그래서 그는 연금술의 이론에 따라 특정한 질병에는 특정한 성분의 약이 처방되어야 한다고 생각했다.

파라켈수스는 소화가 연금술의 한 작용이며, 모든 물질은 황과 수은, 소금의 세 원소로 이루어져 있다고 생각했다. 그는 소금을 의학에 사용해야 한다고 주장했다. 이처럼 연금술은 화학뿐만 아니라 의학도 발전시켰다.

✺ **파라켈수스**

세상 모든 물질과 화학

화학의 아버지, 보일

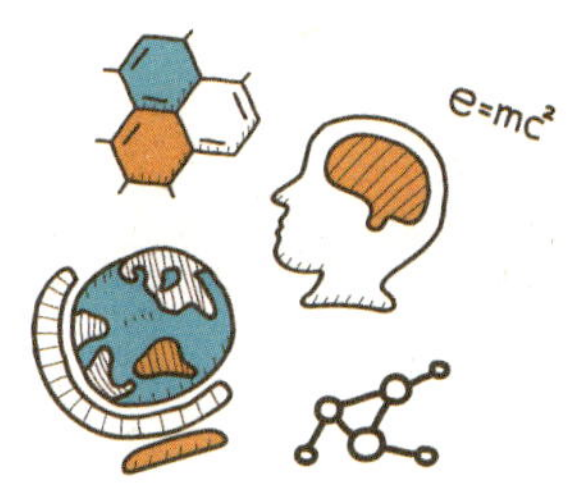

연금술사들은 금을 만들기 위해 온갖 물질들을 가열하고 용해하며, 증류하는 과정에서 그들이 원했던 현자의 돌을 얻지는 못했다. 대신에 다른 유용한 것들을 얻을 수 있었다. 알코올, 에테르, 아세트산, 질산, 황산, 왕수(염산과 질산의 혼합물. 금을 녹일 수 있다.), 백반, 염화암모늄, 질산은, 비누, 알칼리 등 수많은 화학 약품과 증류기, 플라스크, 여과기 등의 실험 기구를 발견할 수 있었다. 연금술사들의 이러한 발견은 화학을 탄생시켰다. 그래서 베이컨(1561년 ~1626년)은 다음과 같이 말했다.

"연금술은 아마도 아들에게 자신의 포도밭 어딘가에 금을 묻어 두

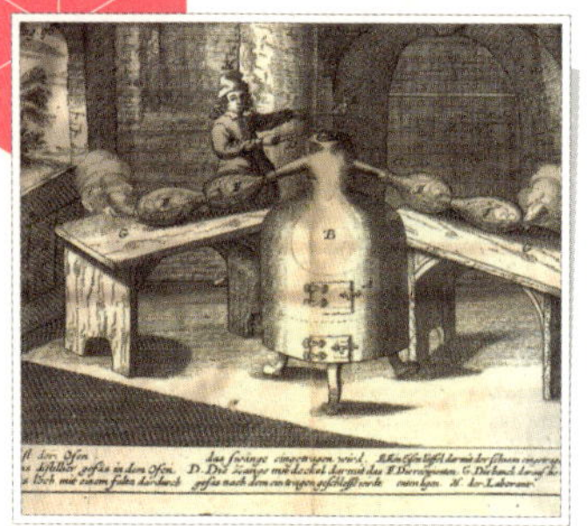

었노라고 이야기하는 아버지라고 할 수 있을 것이다. 아들은 땅을 파서 금을 발견하지는 못했지만, 결과적으로 포도 뿌리를 덮고 있던 흙덩이를 갈아 풍성한 포도를 수확할 수 있었다. 금을 만들고자 노력했던 사람들은 여러 가지 유용한 발명과 유익한 실험들을 가져다주었다."

화학의 아버지, 보일

화학의 시대가 열리기 시작한 것은 17세기에 이르러서였다. 이 시기에는 산과 염기의 반응과 같은 여러 화학 반응이 이루어졌다.

독일의 글라우버(1604년~1668년)는 암스테르담에 큰 공장을 세워 황산과 질산을 생산했다. 1648년에 그는 연금술사의 집을 사들여 자신이 설계한 최신 화학 실험실로 개조하고 여러 실험을 했다. 이 실험실에서 그는 황산나트륨, 아세톤, 벤젠, 페놀, 황산 등을 대량으로 생산했다. 그가 쓴 책《화학 대전》에는 그가 이들 물질을 만들어 낸 과정이 자세하게 기록되어 있다.

과학의 역사에서 최초의 화학자는 영국의 보일(1627년~1691년)이다. 보일에 의해 화학이 물질을 연구하는 과학으로 발전할 수 있었기 때문에, 오늘날 그를 '화학의 아버지'라고 부른다. 보일은 1627년에 영국의 워터퍼드에서 태어났다. 보일의 아버지는 귀족이었기 때문에 보일은 어릴 때부터 부유한 환경에서 자랐다. 그는 어릴 때부터 신동 소리를 들었고, 8살에는 영재들만 다닌다는 이튼 학교에 입학했다. 보일은 14살 때 이탈리아로 가서 갈릴레이에게 물리를 배우려고 했지만 갈릴레이가 이미 죽어 그 꿈을 이루지 못했다. 보일은 18살 때 아리스토텔레스의 4원소설을 부정하는 모임을 만들었는데, '보이지 않는 대학'이라는 이름의 이 모임은 훗날 영국 왕립학회를 낳았다.

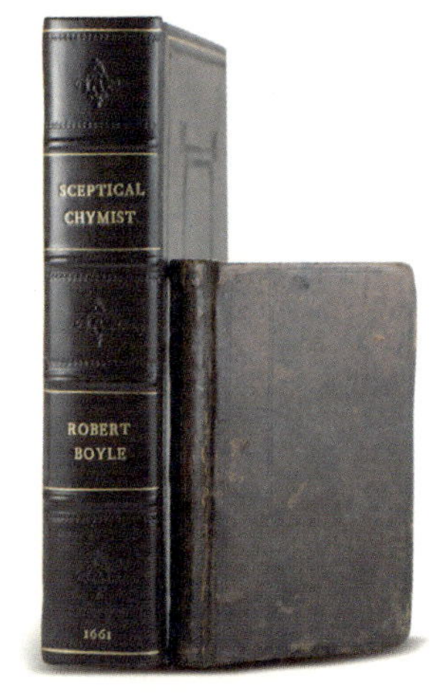

《의심 많은 화학자》
이 책은 1661년에 발표되었다.

보일은 논리적인 사람이었는데, 모든 현상을 실험을 통해 확인하기를 좋아했다. 1661년에 그는 자신의 책《의심 많은 화학자》에서 모든 물질이 서너 가지의 원소로만 이루어져 있을 수는 없다고 주장했다. 이 책에는 세 사람의 인물이 등장하는데 한 사람은 아리스토텔레스의 4원소설을 지지하는 사람이고, 또 한 사람은 4원소설을 이용하여 금을 만들 수 있다고 주장하는 연금술사이며, 마지막 한 사람은 4원소설이 틀렸다고 생각하는 의심 많은 화학자이다. 이 책에서 세 사람은 서로의 주장을 굽히지 않지만 보일은 결국 의심 많은 화학자의 의견을 지지해 아리스토텔레스의 주장이 옳지 않다고 주장했다.

보일은 이 세상의 모든 물질이 네 가지의 원소로만 이루어져 있다는 생각을 거부하고, 훨씬 더 많은 원소가 사물을 이루고 있다고 생각했다. 또, 그는 인을 비롯한 수많은 원소를 발견했다.

보일을 화학의 아버지라고 부르는 이유는 그가 오늘날 우리가 학교에서 배우는 원소에 대해 설명했기 때문이다. 보일은 원소는 더 이상 분해되지 않는 물질을 이루는 기본 성분이고, 이들 원소들은 같은 종류의 입자로 이루어져 있으며, 화학 반응은 이들 원소들이 새롭게 배열되는 과정이라고 생각했다. 또한 1665년에 발표된 그의 저서 《색의 실험 역사》에서 보일은 여러 색깔을 띠는 시약들과 산과 알칼리를 구별하는 지시약에 대해 설명했다.

 별은 연금술사?

기체의 부피와 압력의 관계를 밝힌 보일의 법칙

보일은 오늘날 우리가 중학교 과학 시간에 배우고 있는 '보일의 법칙'을 발견한 것으로 유명하다. 보일의 법칙은 공기의 압력과 부피에 관한 법칙이다. 이 법칙에 대해 알아보기 전에 '기압'에 대해 먼저 알아보도록 하자.

기압이란 한마디로 '공기의 압력'인데, 압력은 어떤 면에 수직으로 작용하는 힘의 크기이다. 압력은 어떤 면에 작용하는 힘의 크기를 그 면의 넓이로 나누면 간단히 구할 수 있다. 참고로, 압력의 단위로는 N/m^2(뉴턴매제곱미터)를 쓴다.

$$\text{압력}(N/m^2) = \frac{\text{작용하는 힘의 크기}(N)}{\text{힘을 받는 면의 넓이}(m^2)}$$

이러한 기압은 갈릴레이의 제자인 토리첼리 (1608년~1647년)가 실험을 통해 최초로 밝혀냈다. 1643년에 토리첼리는 한쪽 끝이 막힌 약 1미터 길이의 유리관에 수은을 가득 채운 후, 유리관 입구에 공기가 들어가지 않도록 손가락으로 막은 다음, 수은이 담긴 그릇에 유리관 입구가 잠기도록 거꾸로 세웠다. 그리고 막았던 손가락을 떼자, 유리관 속의 수은이 그릇 속으로 내려오기 시작했다. 그런데 유리관 속의 수은은 일정한 높이까지 내려온 뒤, 더 이상 움직이지 않고 멈췄다. 그 높이는 약 76센티미터였다. 그래서 토리첼리는 이렇게 생각했다.

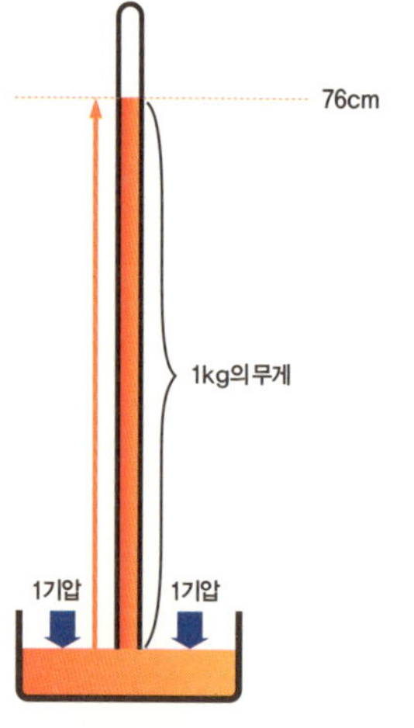

토리첼리의 기압 실험
토리첼리는 이 실험으로 얻은 유리관 속 76센티미터 높이의 수은의 압력을 기압의 표준으로 삼고, 1기압으로 정했다. 1기압은 1㎠ 넓이의 면을 약 1kg의 무게가 내리누르는 힘이다.

"그래, 바로 그거야! 유리관 속 수은의 무게가 내리누르는 힘이 그릇에 담긴 수은의 표면을 내리누르는 공기의 압력보다 클 때는 수은이 흘러내려 오다가, 두 힘이 크기가 같아지면 더 이상 내려오지 못하는 거야! 그렇다면 공기의 압력은, 유리관 속 76센티미터 높이의 수은의 무게가 내리누르는 압력과 같다."

토리첼리는 이 실험의 결과로 나온 유리관 속 76센티미터 높이의 수은의 압력을 기압의 표준으로 삼고, 1기압으로 정했다. 그리고 기압의 단위를 mmHg로 나타냈다.

$$1기압 = 760mmHg = 1,013hPa(헥토파스칼)$$

1661년, 보일은 토리첼리의 기압 실험을 나름대로 검증해 보고 싶었다. 그래서 그는 실험을 했다. 먼저 3미터 길이의 J자 모양의 유리관을

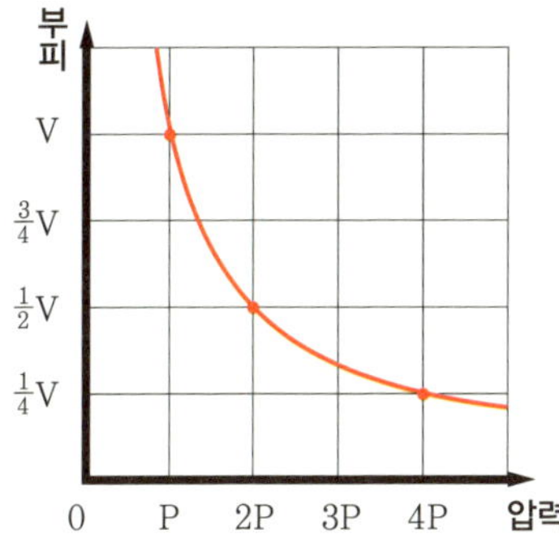

온도가 일정할 때 기체의 압력과 부피의 관계

준비하고, 거기에 수은을 부어 넣었다. 수많은 실험 끝에 보일은 온도가 일정할 때 기체의 압력과 부피는 반비례한다는 사실을 밝혀냈다. 즉, 기체의 압력이 높아지면 기체의 부피가 줄어든다는 것을 알아낸 것이다. 보일이 발견한 이 사실은 '보일의 법칙'으로 불리게 되었다. 보일의 말도 들어보자.

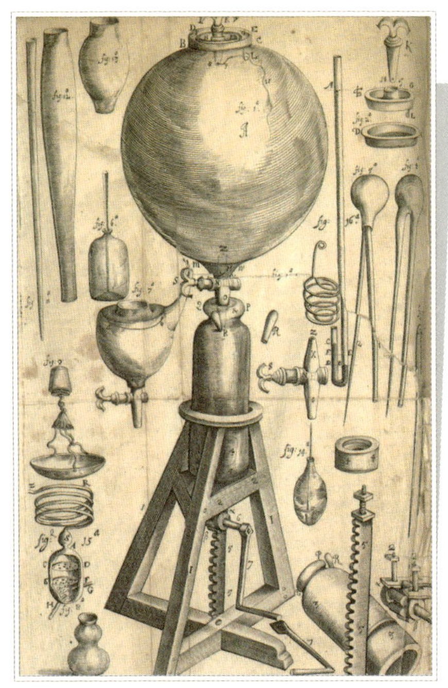

보일은 이 실험 도구들을 이용해 화학을 연구했다.

"기체에 작용하는 압력이 2배, 3배로 커질수록 기체의 부피는 1/2, 1/3로 줄어듭니다. 따라서 온도가 일정할 때 기체의 부피와 압력은 반비례합니다."

결국, 보일의 법칙은 온도가 일정할 때 '기체의 압력×기체의 부피= 일정한 값(P×V=k)'이라는 공식으로 나타낼 수 있다. 이 공식은 시험에 꼭 나오는 것이니, 반드시 기억하도록 하자.

보일의 법칙

$$P(\text{기체의 압력}) \times V(\text{기체의 부피}) = k(\text{일정한 값})$$

제4교시

프리스틀리와 기체의 발견

연금술과 플로지스톤

공기가 없으면 종이가 탈까? 종이가 탈 수 있는 것은 공기 중의 산소와 반응하기 때문이다. 이 사실은 프랑스의 화학자 라부아지에(1743년~1794년)가 처음 알아냈다. 보일이 고대 화학의 문을 열었지만 보일 이후의 화학자들은 큰 발전을 이루지 못했다. 그것은 바로 플로지스톤 이론에 사로잡혔기 때문이었다. 그럼, 플로지스톤에 대해 먼저 알아보자.

1679년에 독일의 화학자 스탈은 물질의 연소(물질이 산소와 화합할 때, 많은 빛과 열을 내는 현상)를 설명하기 위해 기름 성분이 함유된 흙에 '플로지스톤'이라고 이름을 붙였다. 그는 불에 타는 물질이나 금속은 모두 플로지스톤을 함유하고 있는데, 연소하고 나면 이 물질이 빠져나

가고 재가 남는다고 보았다.

예를 들어, 나무를 태우면 불이 나오고 따뜻해지며 밝아진다. 스탈은 이것이 나무 속의 플로지스톤 때문이라고 생각했다. 즉, 플로지스톤은 불, 열, 빛과 같은 형태로 우리 눈에 나타난다고 생각한 것이다. 스탈은 플로지스톤 중에는 눈에 보이는 것도 있고 그렇지 않은 것도 있다고 생각했다.

화학에서는 물질이 타는 것을 '연소'라고 부른다. 스탈은 물질이 연소할 때에는 항상 플로지스톤이 나오며, 그것은 물질이 플로지스톤을 포함하고 있기 때문이라고 생각했다. 그러므로 물질이 타고 남은 재는 플로지스톤이 없기 때문에 더 이상 타지 않는다고 보았다.

스탈은 플로지스톤이 많을수록 연소가 활발하게 일어난다고 생각했다. 즉, 나무가 돌보다 잘 타므로 나무 속에는 더 많은 플로지스톤이 있다고 보았다. 또, 그는 나무가 탈 때 나오는 플로지스톤을 공기가 흡수한다고 생각했다. 그러므로 플로지스톤을 흡수할 공기가 없으면 물질이 타지 않는다고 주장했다.

스탈은 금속이 녹스는 반응에도 플로지스톤 이론을 적용했다. 금속을 공기 중에 오래 놓아두면 플로지스톤이 공기 중으로 빠져나가 금속이 녹슨다고 생각한 것이다.

하지만 플로지스톤 이론에는 심각한 문제가 있었다. 철은 녹이 슬면 무거워지는데, 플로지스톤 이론대로라면 플로지스톤이 빠져나가기 때문에 녹슨 철은 더 가벼워져야 한다. 이것을 식으로 나타내면 다음과 같다.

철 → 녹슨 철 + 플로지스톤

철의 무게를 a, 플로지스톤의 무게를 b, 녹슨 철의 무게를 c라고 하면, 'a=b+c'가 된다. 여기서 b를 구하면, 'b=a-c'가 된다.

그런데 녹슨 철이 일반 철보다 더 무거우므로 'a-c'는 음수가 된다. 음수는 0보다 작은 수라는 것을 여러분은 알고 있을 것이다. 예를 들어, 0보다 1작은 수를 -1, 2작은 수를 -2라고 쓰고, 이렇게 음의 부호 (-)가 수 앞에 붙어 있는 수를 '음수'라고 부른다. 그러므로 b도 음수가 되므로 플로지스톤의 무게는 음수가 되는 것이다.

하지만 물체가 0보다 작은 무게를 가질 수 있을까? 저울 위에 아무것도 놓여 있지 않을 때 저울의 눈금은 0을 가리킨다. 그런데 어떻게 무게가 0보다 작을 수 있겠는가? 따라서 플로지스톤 이론에는 문제가 있는 것이다.

플로지스톤 이론을 믿는 과학자들은 사람의 죽음조차도 플로지스톤으로 설명하려 했다. 사람의 몸속에 있는 플로지스톤이 모두 빠져나가면 사람이 죽게 된다고 생각했으니까.

눈에 보이지 않는 기체의 발견

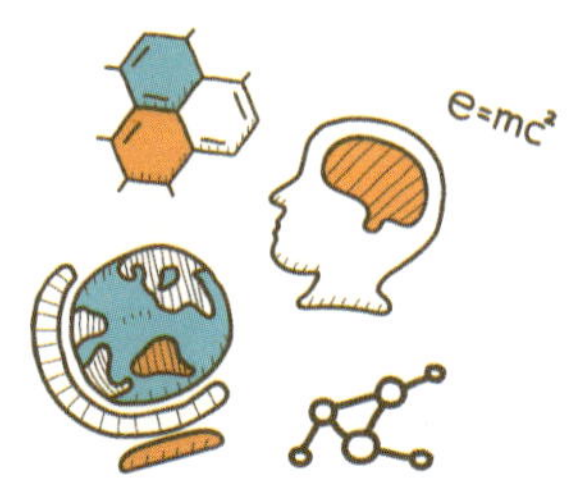

플로지스톤 이론을 지지하던 과학자들은 눈에 보이지 않고 냄새도 나지 않는 기체들을 발견하기 시작했다. 예를 들면, 수소, 산소, 질소, 이산화탄소와 같은 것들을 발견했다. 과학자들은 눈에 안 보이는 플로지스톤을 가두기 위해 밀폐된 유리 용기를 사용해 실험했다.

1766년, 영국의 캐번디시(1731년~1810년)는 요즘으로 치면 1천억 원이 넘는 돈을 가지고 있는 부자였다. 하지만 수줍음이 많은 캐번디시는 대부분의 삶을 거의 집에 틀어 박혀 과학 실험을 하는 데 바쳤고, 사람들과 만나는 것을 싫어했다.

캐번디시는 수소를 처음으로 발견한 과학자이다. 그는 유리 용기 속

 별은 연금술사?

에 들어 있는 아연에 염산을 부었다. 그는 이때 아연과 염산이 반응하여 플로지스톤이 나올 것이라고 믿었다. 캐번디시가 유리 용기에 불을 집어넣자 폭발이 일어났다. 원래의 공기가 아연과 염산이 반응하여 나온 플로지스톤을 지니고 있었기 때문이다. 캐번디시는 이 플로지스톤을 '불에 타는 플로지스톤'이라고 불렀는데, 이것이 바로 오늘날 우리가 '수소'라고 알고 있는 기체이다.

이와 비슷한 방법으로 1774년에 프리스틀리(1733년~1804년)는 산소를 발견했다. 그는 지름 12센티미터인 렌즈로 햇빛을 초점에 맞춰 산화수은을 고온으로 가열했다. 이 실험은 밀폐된 용기에서 이루어졌고, 프리스틀리 역시 이 반응에서 눈에 보이지 않는 플로지스톤이 나올 거라고 믿었다.

프리스틀리는 용기 안에 갇힌 플로지스톤의 성질을 알아보기 위해 다 꺼져 가는 촛불을 집어넣었다. 그러자 촛불이 활활 타올랐다. 그는 이 플로지스톤을 '물질이 타는 것을 도와주는 플로지스톤'이라고 불렀다. 이것이 바로 오늘날

◈ 캐번디시

◈ 프리스틀리가 실험하는 데 사용한 플라스크

우리가 알고 있는 '산소' 기체이다. 그는 자연의 공기는 산소를 포함하고 있으며, 산소 기체가 더 많아지면 타고 있는 물질로부터 플로지스톤을 더 잘 흡수하기 때문에 물질이 잘 타는 것이라고 생각했다.

어느 날, 프리스틀리는 산소 기체 속에 쥐를 집어넣어 보았다. 그러자 쥐는 자연의 공기 속에서보다 더 활발하게 움직였다. 밀폐된 유리 용기 안에 보통의 공기가 들어 있다면 쥐가 15분 정도 숨을 쉴 수 있는데 반해, 산소가 들어 있는 유리 용기 안의 쥐는 45분 동안 숨을 쉴 수 있었다. 프리스틀리는 산소가 굉장히 좋은 플로지스톤이라고 생각하고 산소를 직접 마셔 보고는 가슴이 상쾌해지는 기분을 느낄 수 있었다.

프리스틀리는 처음으로 이산화탄소를 물에 녹인 탄산수를 만들기도 했다. 이것이 바로 사이다나 콜라와 같은 탄산음료의 원리이다. 그는 또, 이산화탄소가 녹은 물에서 자라는 식물에서 산소가 나온다는 것을 알아냈다. 그밖에도 그는 산소를 이용하여 암모니아, 염화수소, 그리고 이산화황을 만들었다.

사실 산소를 처음으로 발견한 사람은 스웨덴의 셸레(1742년~1786년)이다. 그는 평생을 평범한 약사의 조수로 일했다. 셸레는 약을 만들기 위해 하루 종일 화학 물질들을 섞어야 했다. 하지만 그는 틈틈이 화학을 연구하여 염소, 바륨, 망간, 질소 등을 발견했다.

1771년, 셸레는 산화수은을 가열하여 새로운 기체를 발견했다. 이 기체는 바로 산소였는데, 셸레는 그 기체 속에서는 물질이 잘 타기 때문에 '불 공기'라고 불렀다. 그는 산소의 발견을 포함한 많은 내용을 담은 책을 출판하려 했다. 하지만 스웨덴의 유명한 과학자인 베리만이 책의 머리말을 늦게 써 주어서 1777년이 되어서야 비로소 셸레가 산소를 발견했다는 사실이 세상에 알려지게 되었다.

하지만 때는 이미 늦었다. 사람들에게 프리스틀리가 산소를 발견했다는 사실이 먼저 알려졌기 때문이다. 이로 인해 셸레는 산소의 최초 발견자 자리를 프리스틀리에게 내주어야만 했다.

라부아지에와 질량 보존의 법칙

라부아지에, 질량 보존의 법칙을 발견하다

화학자들이 더 이상 플로지스톤 이론을 추종하지 않게 된 것은 라부아지에가 '질량 보존의 법칙'을 발견하면서부터였다. 질량 보존의 법칙은 천재적인 화학자 라부아지에가 끈질긴 실험을 했기 때문에 발견되었다.

라부아지에

라부아지에는 1743년에 프랑스 파리에서 태어났다. 부유한 가정에서 태어난 그는 1768년 25살의 젊은 나이에 각 분야의 전문가들만 가입할 수 있는 프랑스 아카데미 회원으로 뽑힐 정도로 능력을 인정받았다.

　　1789년, 라부아지에는 《화학개요》라는 책을 출간했는데, 이 책에는 기체의 조성(물질을 구성하고 있는 여러 성분의 비율)과 분리, 질량 보존의 법칙에 대해 자세히 설명되어 있다. 하지만 안타깝게도 그는 프랑스 대혁명 이후에 정치적인 이유 때문에 1794년 5월 8일 단두대에서 사형을 당하고 말았다.

　　어느 날, 프리스틀리가 라부아지에에게 찾아와 자신이 발견한 산소 기체에 대해 들려주었다. 산소 기체는 물질의 연소를 도와주므로, 라부아지에는 물질이 연소할 때 결합되는 기체가 바로 산소 기체일 거라고 생각하게 되었다.

　　라부아지에는 밀폐된 S자형 유리 용기에 수은을 넣고 가열하여 반응 전후의 질량을 비교해 보기로 했다. 실험 전에 수은이 들어 있는 유리 용기의 질량은 수은의 질량과 공기의 질량과 유리 용기의 질량의 합이었다. 12일 동안 수은을 가열한 후, 라부아지에는 연소된 수은의 질량이 무거워진 것을 알아냈다. 반면에 공기가 들어 있는 유리 용기의 질량은 줄어들었다. 공기 속에 있던 산소가 물질과 결합하여 탄 물질을 만들었던 것이다. 라부아지에는 이 실험에서 실험 전후의 물질의 질량은 달라지지 않는다는 것을 알아냈는데, 이것이 바로 유명한 '질량 보존의 법칙'이다.

공기는 무엇으로 이루어져 있을까?

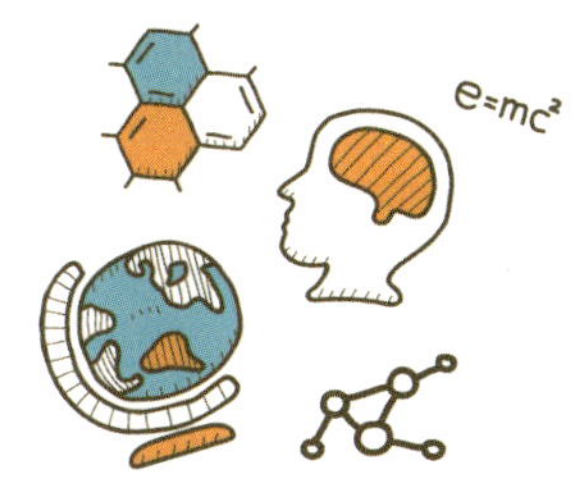

라부아지에는 물질이 연소하는 것은 공기 속의 산소와 물질이 결합하기 때문에 발생한다는 것을 알아냈다. 그러므로 밀폐된 공간에서 물질을 태우면 산소가 점점 줄어들게 된다. 따라서 라부아지에는 공기는 순수한 물질이 아니라 여러 개의 기체가 섞여 있는 혼합물이라는 사실을 밝혔다.

그런데 화학을 공부하면서 우리는 종종 혼합물과 화합물을 혼동하곤 한다. 혼합물과 화합물은 분명 서로 다른 것이다.

화합물인 물

물은 수소 두 개와 산소 한 개가 결합해 만들어진 '화합물'이다.

앞에서 우리는 원소에 대해 잠깐 살펴보았는데, 원소는 화학적인 방법으로 더 이상 나눌 수 없는 '물질의 기본 성분'이다. 그럼, 물은 원소일까, 원소가 아닐까? 물은 수소와 산소로 나눌 수 있기 때문에 원소가 아니다. 그리고, 물을 구성하는 수소와 산소는 더 이상 나눠지지 않는 물질의 기본 성질이기 때문에, 원소가 맞다.

물은 수소 두 개와 산소 한 개가 결합해 만들어진 '화합물'이다. 즉, 화합물이란 물처럼 두 가지 이상의 원소가 결합해 만들어진 물질이다.

이 세상의 모든 물질은 크게 순물질과 혼합물로 나뉜다. 순물질은 다른 물질이 섞이지 않고 한 종류의 물질만으로 이루어진 물질을 말한다. 순물질은 수소나 산소처럼 한 가지 원소로 이루어진 홑원소 물질과 물처럼 두 가지 이상의 원소가 결합해 만들어진 화합물로 나뉜다. 반면에 혼합물은 두 가지 이상의 순물질이 본래의 성질을 잃지 않고 서로 섞여 있는 물질이다. 혼합물은 순물질의 성분이 고르게 섞여 있는 균일 혼합물과 고르지 않게 섞여 있는 불균일 혼합물로 나뉜다.

그렇다면 물질이 연소 반응을 할 때 물질과 결합하지 않는 공기는 무엇으로 이루어져 있을까? 이 문제에 대해서는 셸레, 프리스틀리, 라부아지에가 관심을 가지고 있었다. 셸레는 산소를 제외한 나머지의 공기는 물질의 연소 반응을 더 이상 일으키지 않는 질소라는 것을 알아냈다. 즉, 공기는 질소와 산소의 혼합물이라는 것을 밝혀냈다. 라부아지에도 셸레와 같은 생각을 했고, 공기를 이루는 산소와 질소의 비율이 1:3이라고 주장했다. 하지만 라부아지에의 이 비율은 옳지 않았다.

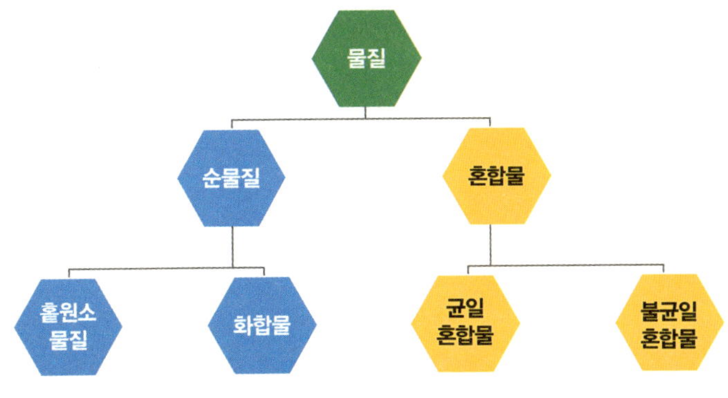

물질의 분류

얼마 후, 프리스틀리는 정확한 실험을 통해 공기를 이루는 산소와 질소의 비율이 1:4라는 것을 알아냈다.

라부아지에는 산소가 비금속 물질과 반응하여 모든 산(물에 녹았을 때 수소 이온을 만드는 물질. 신맛이 난다.)을 만든다고 생각하고 프리스틀리가 발견한 기체에 산소라는 이름을 붙였다. 산소는 영어로 'oxygen'인데, 이것은 '산을 만드는 것'이라는 뜻이다.

돌턴의 원자설과 아보가드로의 분자설

원자의 존재를 밝힌 돌턴

오늘날 영국 맨체스터라고 하면 박지성이 활약했던 축구팀 '맨체스터 유나이티드'를 떠올릴 테지만, 200여 년 전에는 한 과학자가 맨체스터를 대표하는 인물로 꼽혔다. 그는 바로 존 돌턴(1766년~1844년)이었다. '근대 화학의 아버지', '화학의 언어를 발명한 인물'로 존경받고 있는 돌턴은 영국 컴벌랜드 주의 작은 마을에서 태어났다. 그의 집안은 어릴 때부터 매우 가난했다.

돌턴

돌턴은 초등학교밖에 못 다녔지만 12살에 학교

를 만들어 아이들을 가르쳤다. 15살에는 형과 함께 학교를 경영하고, 수학, 라틴어, 그리스어, 프랑스어 등을 독학으로 공부했다. 이때부터 죽기 전까지 돌턴은 날마다 여가 시간에 기상 관측에 관한 많은 논문을 작성했다.

뿐만 아니라 돌턴은 다방면에 관심이 있어서 식물학, 곤충학, 수학에까지 손을 뻗었는데, 1793년 맨체스터의 뉴 칼리지로 옮겨 연구했다. 그는 이 학교에서 수학과 과학, 철학을 강의하였는데, 1793년에 그곳에서 그의 첫 번째 책인 《기상 관측과 에세이》를 출간했다.

돌턴은 아주 심한 색맹이었다. 돌턴에게는 붉은 빛깔이 항상 녹색으로 보였고, 그런 이유로 색맹이 왜 일어나는지를 밝힌 최초의 논문을 1794년 10월에 발표했다. 그의 업적을 기리기 위해 오늘날에는 색맹을 '돌터니즘(Daltonism)'이라고 한다.

돌턴은 1803년에 원자설을 발표하고 그 내용을 1808년에 출간된 《화학 원리의 새로운 체계》에 실었다. 원자설로 유명해진 돌턴은 1822년에 맨체스터 문학 및 철학 협회의 회장이 되었다.

다른 과학자들은 보통 죽은 다음에 조각상이 세워지지만 돌턴의 조각상은 살아생전에 세워졌다. 1838년에 맨체스터 시민들이 공공 모금을 통해 돌턴의 조각상을 세운 것이다. 맨체스터 시민들의 그에 대한 존경심이 얼마나 대단했던가를 짐작할 수 있다. 고양이 한 마리를 기르며 평생을 독신으로 살았던 위대한 화학자 돌턴은 1844년, 자신의 눈을 색맹 연구용으로 기증하고 세상을 떠났다.

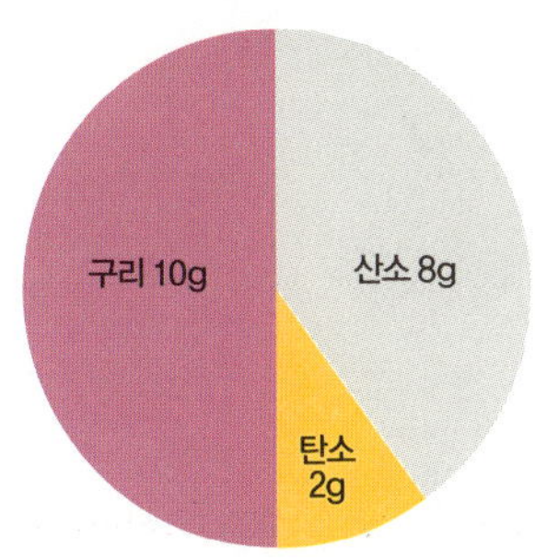

⬡ 일정 성분비의 법칙

탄산구리 10g과 탄산구리 20g은 서로 양이 다르지만, 그것을 구성하는 물질들의 구성비는 일정하다.

그럼, 이제 돌턴이 어떻게 원자의 존재를 알아냈는지 살펴보자. 그러기 위해서는 돌턴에게 영향을 준 과학자들의 이야기를 먼저 꺼내야 한다.

중학교 과학 교과서에는 '일정 성분비의 법칙'이 나온다. 이 법칙은 '한 화합물을 구성하는 성분 물질의 구성비는 일정하다.'는 법칙이다. 1799년에 프랑스의 화학자 프루스트(1754년~1826년)는 이 법칙을 발견했다. 탄산구리는 구리와 산소, 탄소가 결합된 화합물이다. 그는 서로 양이 다른 두 개의 탄산구리를 비교했는데, 두 화합물의 질량의 비율이 항상 같다는 사실을 발견했다.

그리하여 그는 두 물질이 반응하여 하나의 화합물을 만들 때에는

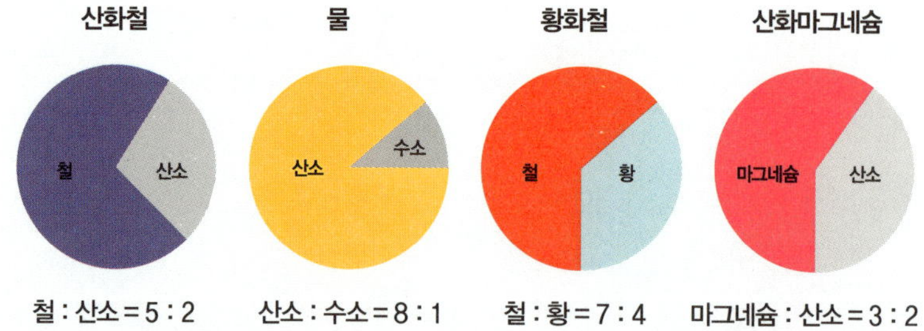

✿ 산화철, 물, 황화철, 산화마그네슘 등의 화합물을 구성하는 성분 물질의 구성비는 일정하다.

언제나 일정한 비율로 결합한다고 발표했다. 즉, 화합물을 이루는 물질들이 어떤 양으로 섞여 있더라도 이들은 언제나 일정한 비율로 결합하고 생성된다는 것을 알아낸 것이다.

하지만 19세기 전까지만 하더라도 많은 화학자들은 화합물을 구성하는 성분 물질의 구성비가 일정하지 않다고 생각했다. 그중 프랑스의 베르톨레(1749년~1822년)는 프루스트에 대항하여 화합물을 만드는 방법에 따라 하나의 화합물에서 물질의 조성은 일정하지 않다고 주장했다.

"철의 산화물들을 분석하면 그 구성비가 일정하지 않습니다. 어떤 철의 산화물에서는 철과 산소의 구성비가 56:16이고, 또 다른 철의 산화물에서는 철과 산소의 구성비가 56:24라는 실험 결과나 나타났습니다. 따라서 프루스트의 이론은 옳지 않습니다."

하지만 베르톨레는 철의 산화물에는 두 종류가 있다는 것을 미처

몰랐다. 철의 산화물에는 산화제일철과 산화제이철, 두 가지가 있다. 철과 산소의 구성비가 56:16인 산화철은 산화제일철(FeO)이고, 구성비가 56:24인 산화철은 산화제이철(Fe_2O_3)이다. 결국 프루스트에 의하면 산화제일철과 산화제이철은 서로 다른 화합물이므로, 그 구성비가 같지 않다는 것이 밝혀졌다.

이에 8년 동안 서로 다른 주장을 펼친 두 사람의 싸움은 마침내 프루스트의 승리로 끝나게 되었다. 결국 '같은 화합물에서 각 성분은 일정한 구성비를 갖는다.'는 프루스트의 주장이 승리를 거두게 된 것이다.

프루스트는 '두 원소가 서로 다른 화합물을 만들 수 있다.'는 주장도 했다. 예를 들면, 탄소와 산소가 결합하면 이산화탄소와 일산화탄소 등 서로 다른 화합물을 만든다. 일산화탄소에서 탄소와 산소의 구성비는 12:16이고, 이산화탄소에서 탄소와 산소의 구성비는 12:32이다. 이는 탄소 12g과 산소16g이 반응하면 일산화탄소 28g이 되고, 탄소12g과 산소 32g이 반응하면 이산화탄소 44g이 된다는 말이다.

프루스트의 영향을 받은 돌턴은 두 종류의 탄소 산화물에서 같은 양의 탄소와 반응하는 산소의 구성비를 조사했다. 이때 일산화탄소에서는 탄소 1g과 반응하는 산소의 양은 $\frac{16}{12}$g이고, 이산화탄소에서는 $\frac{32}{12}$g이 되므로, 두 화합물에서 반응하는 산소의 구성비는 $\frac{16}{12}:\frac{32}{12}$=1:2가 되어 간단한 정수비(1, 2, 3과 같은 정수로 나타내는 비율)를 이루게 된다는 것을 알아냈다. 이것이 바로 돌턴이 발견한 법칙인 '배수 비례의 법칙'이다. 배수 비례의 법칙을 정리하면 다음과 같다.

배수 비례의 법칙을 통해 돌턴은 산소나 탄소가 더 이상 쪼개어지지 않는 가장 작은 알갱이들로 이루어져 있다는 것을 알게 되었다. 돌턴은 모든 물질을 이루는 기본 성분인 원소는 더 이상 쪼개지지 않는 가장 작은 알갱이 형태로 존재하는데, 이것을 '원자'라고 불렀다. 즉, 물질의 기본 성분인 원소는 원자로 이루어진 물질이라는 것을 밝힌 것이다. 이에 따르면 화합물을 만드는 각 원소의 원자수가 항상 일정하고, 같은 원소의 원자는 모두 같은 질량을 가지고 있게 된다.

그 사실은 간단한 비유를 통해 확인할 수 있다. 주머니 속에 여러 개의 검은 바둑알과 흰 바둑알이 마구 섞여 있다고 하자. 이때 검은 바둑알들과 흰 바둑알들을 서로 다른 원소라 치자. 주머니에서 아무렇게나 한 움큼 꺼내 보자. 처음 꺼냈을 때 검은 바둑알이 3개, 흰 바둑알이 2개 나왔다고 하면 이들을 접착제로 붙여 보자. 이것은 바로 검은 원소와 흰 원소로 이루어진 화합물이다.

또다시 주머니에서 한 움큼 꺼내 보자. 이번에는 검은 바둑알 2개와 흰 바둑알 1개가 나왔다 치자. 역시 이들을 접착제로 붙이면, 이것은 검은 원소와 흰 원소로 이루어진 또 다른 화합물이 된다. 이때 두 화합물에서 한 개의 검은 바둑알과 결합한 흰 바둑알의 개수의 비는 $\frac{2}{3}$: $\frac{1}{2}$ 이 된다. 이 비는 4:3이 되어 간단한 정수의 비를 이루게 된다. 이는 주머니 속에 같은 종류의 바둑알들이 들어 있었기 때문이다. 즉, 검은 바둑알 한 개는 검은 원소를 이루는 가장 작은 알갱이인 원자를 나타내므로 배수 비례의 법칙이 성립한다. 돌턴은 《화학 원리의 새로운 체계》에서 다음과 같이 원자설을 설명했다.

돌턴의 원자설

1. 물질은 더 이상 쪼갤 수 없는 가장 작은 알갱이인 원자로 이루어져 있다.

2. 원자의 종류는 원소에 따라 정해지며, 같은 원소의 원자는 질량과 성질이 서로 같고, 다른 종류의 원자는 질량과 성질이 서로 다르다.

3. 화학 변화가 일어날 때 원자는 새로 생성되거나 소멸되지 않는다.

4. 화학 변화는 원자들이 서로 결합하거나 분해하는 변화이므로 화학 변화의 기본 단위는 원자이다.

5. 화합물이 생길 때에는 각 원소의 원자 사이에 간단한 정수비로 결합한다.

돌턴의 원자설에 따르면 원자들마다 그 크기와 질량이 다르다는 것을 알 수 있는데, 돌턴은 이 점을 이용하여 용해도를 설명했다. 이때 용해도란 물질이 물에 녹는 정도를 나타내는 양으로, 물 100g에 최대로 녹을 수 있는 물질의 양을 말한다. 예를 들면, 용해도가 36인 소금은 물 100g에 소금이 최대 36g까지 녹을 수 있다.

돌턴은 용해도가 높은 물질과 낮은 물질의 차이는 그 물질을 이루는 원자의 크기와 관계가 있다고 생각했다. 이는 축구공이 가득 들어 있는 상자에 농구공을 넣기는 힘들지만 작은 골프공은 축구공들 사이에 생긴 틈으로 넣을 수 있다는 것을 말한다. 즉, 물을 이루는 원자들의 크기에 비해 작은 크기를 가진 원자로 이루어진 물질은 물속에서 더 잘 녹을 수 있는 것이다.

 별은 연금술사?

아보가드로, 분자설을 발견하다

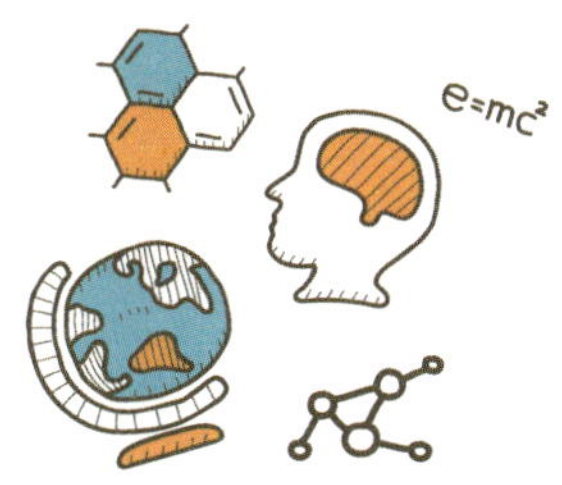

1808년에 프랑스의 과학자 게이뤼삭(1778년~1850년)은 돌턴의 원자설에 문제가 있다는 것을 발견했다. 게이뤼삭은 기체와 관련된 많은 업적을 남긴 화학자였다.

그는 기체끼리 반응하여 새로운 기체가 생기거나, 어떤 물질이 두 가지 이상의 기체로 분해될 때에는, 각 기체의

열기구에 오른 게이뤼삭
1804년에 게이뤼삭이 7,016미터 상공의 대기 성분을 조사하기 위해 열기구를 타고 있다.

부피 사이에 정수비가 성립하게 된다는 것을 알아냈다. 그리고 이러한 현상을 '기체 반응의 법칙'이라고 불렀다. 예를 들어, 수소와 산소가 반

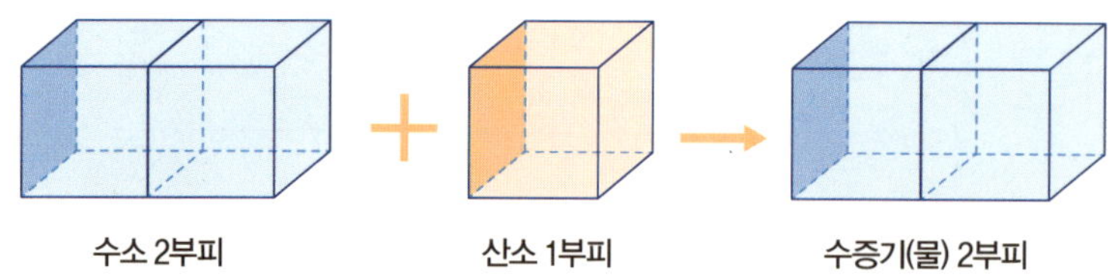

⬡ 기체 반응의 법칙

수소와 산소가 반응하여 수증기를 만들 때는 이들 기체들의 부피 사이에는 2:1:2의 정수비가 성립한다.

응하여 수증기를 만들 때는 이들 기체들의 부피 사이에는 2:1:2의 정수비가 성립한다.

그런데 게이뤼삭의 기체 반응의 법칙은 돌턴의 원자설로는 설명을 할 수가 없다. 반응하기 전의 수소와 산소의 부피의 비는 2:1이다. ●를 수소 원자로 ●를 산소 원자로 본다면, 수증기는 산소와 수소로 이루어진 화합물이므로 돌턴의 주장대로라면 ●●라고 표시해야 할 것이다. 이를 다음과 같이 나타낼 수 있다.

이 반응을 살펴보면, 반응하기 전의 수소 원자가 2개, 산소 원자가 1개이던 것이 반응한 후에는 수소 원자 2개와 산소 원자 2개로 늘어났다. 따라서 돌턴의 원자설은 반응 전후에 질량이 보존되어야 한다는

 별은 연금술사?

라부아지에의 질량 보존의 법칙에 위배된다.

돌턴의 원자설에 나타난 이 문제를 해결한 사람은 이탈리아의 과학자 아보가드로(1776년~1856년)였다. 1811년에 그는 화학 반응은 원자들이 아닌 원자 여러 개가 모인 분자가 주인공이어야 한다고 주장했다.

예를 들어 보자. 수소라는 물질을 이루는 가장 작은 기본 입자는 수소 원자이다. 하지만 수소 원자는 수소라는 물질의 특성을 가지고 있지 않다. 수소라는 물질의 특성을 지닌 가장 작은 기본 입자는 수소 원자 두 개가 결합된 수소 분자이다. 자연 상태에서 수소라는 물질은 항상 수소 분자 단위로 존재한다. 산소와 질소도 마찬가지이다. 산소라는 물질은 산소 원자 두 개가 결합된 산소 분자가, 질소는 질소 원자 두 개가 결합한 질소 분자가 그 물질의 특성을 지닌 최소 단위의 기본 입자이다. 그래서 아보가드로는 기체의 부피는 원자의 부피가 아니라 분자의 부피라고 생각했다.

이제, 아보가드로의 분자설을 이용해 기체 반응의 법칙을 설명해 보도록 하자. 수소 분자 두 부피와 산소 분자 한 부피가 화학 반응을 하는 것을 분자 모형으로 나타내면 다음과 같다.

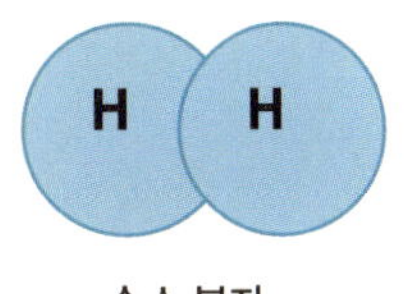

수소 분자

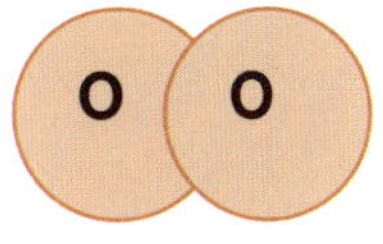

산소 분자

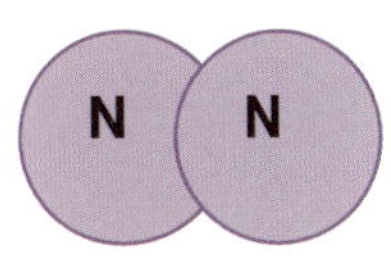

질소 분자

분자 단위로 존재하는 수소와 산소, 질소

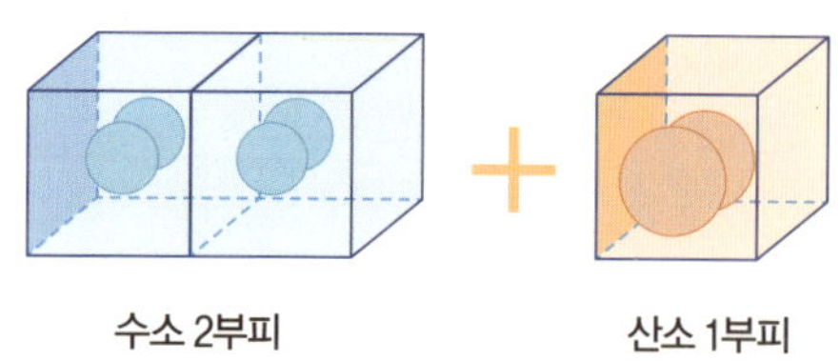

반응하기 전의 수소 원자의 수는 4개, 산소 원자의 수는 2개이다. 이제 물(수증기) 분자가 수소 원자 2개와 산소 원자 1개로 이루어져 있다고 하면, 다음과 같이 나타낼 수 있다.

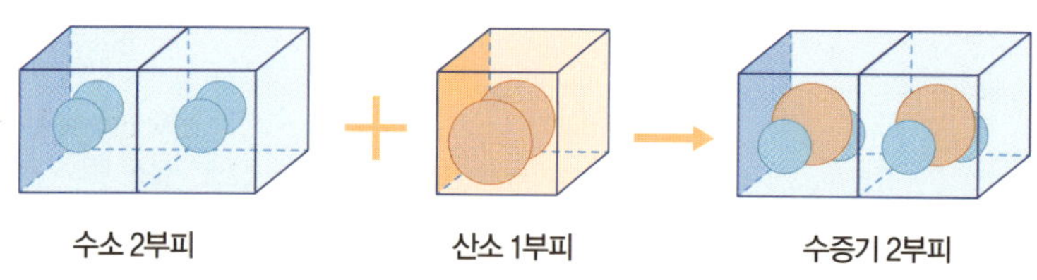

◈ 아보가드로 기념 메달
과학의 발전에 공헌한 과학자들에게 이 메달을 수여하고 있다.

자, 어떤가? 반응하기 전후에 원자들이 달라지지 않았고 질량 보존의 법칙도 만족시킨다. 이리하여 아보가드로는 화학 반응에서 분자의 역할이 중요하다는 것을 알아냈고, 분자가 원자로 이루어져 있다는 것을 밝혀냈다.

원자 속엔 무엇이 있을까

빛의 연금술, X선의 발견

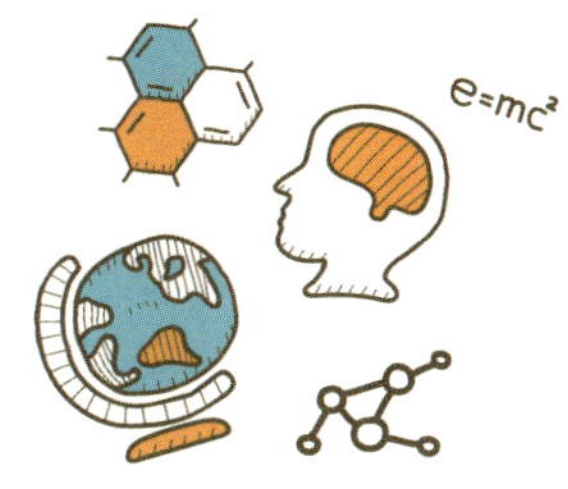

빛에는 눈에 보이는 빛과 눈에 보이지 않는 빛이 있다. 우리가 TV를 켜기 위해 리모컨을 누르면 리모컨에서 TV의 센서 쪽으로 눈에 보이지 않는 빛이 진행하는데, 이것이 바로 적외선이라는 이름의 빛이다. 또, 여름에 우리의 피부를 태우는 자외선도 우리 눈에 보이지 않는 빛이다. 이제, 우리 눈에 보이지 않는 빛 중에서 우리 몸속을 들여다볼 수 있는 X선에 대해 알아보기로 하자.

1858년, 독일 본 대학교의 물리학자 플뤼커(1801년~1868년)는 전기에 대한 연구를 하고 있었다. 이보다 앞선 1855년에 본의 유리 기구 제작자인 가이슬러는 자신이 손수 만든 진공(물질이 전혀 존재하지 않는 공간) 펌프로 유리관 안의 공기를 뽑아내어 유리관 안의 기압을 대기압의 10,000분의 1 정도로 만들었다. 이것은 만 개의 공기 분자 중에서 한 개만 남기고 9,999개의 공기 분자를 없애는 것이므로, 가이슬러는 거의 완벽한 진공 상태를 만들 수 있었던 것이다.

플뤼커는 본 대학교로 출퇴근하면서 가이슬러의 작업장을 지나쳤다. 그는 가이슬러에게 긴 유리관을 만들어 양쪽 끝에 전극을 달아 달라고 부탁했다. 그리고 양쪽 전극에 외부의 전원을 연결했다. 플뤼커는 양쪽 끝에 전극이 설치된 관을 가이슬러관이라고 불렀는데, 이것이 바로 오늘날 우리가 방전관이라고 부르는 것이다.

당시에 플뤼커는 기체가 희박하게 들어 있을 때 전기가 얼마나 잘 통하는지를 연구하고 있었다. 그는 방전관에서 공기를 빼내고 전극에 전류를 흘려보내면 음극 근처에서 초록색 광선이 발생해 양극으로 진행한다는 것을 알아냈다. 훗날 독일의 골트슈타인(1850년~1930년)은 플뤼커가 발견한 광선이 음극에서 발생했으므로 '음극선'이라는 이름을 붙였다.

방전관이 발명되자 현대 사회에서 중요하게 쓰이고 있는 두 가지 발명품이 탄생하게 되었다. 1910년에 프랑스의 클로드(1870년~1960년)는 방전관 안에 네온 기체를 채워 붉은빛이 나오는 등을 발명했는데, 이것이 바로 네온

⬡ 가이슬러관

사인이다. 또한 1938년, 미국의 인맨은 방
전관을 이용하여 형광등을 발명했다. 방전
관 안에 수은 기체를 넣으면 전자와 수은
기체들이 충돌해 자외선이 방출된다. 그는
유리관의 안쪽에 형광 물질을 발랐더니 자
외선과 부딪친 형광 물질에서 흰빛이 발생
했다. 그래서 오늘날 우리는 형광을 띠는 물
체를 '형광 물체'라고 부르게 되었다.

플뤼커

음극선을 연구하는 과정에서도 두 가지
의 위대한 발견이 이루어졌다. 하나는 X선
의 발견이고, 또 다른 하나는 전자의 발견이다. 우선 X선의 발견에 얽
힌 이야기를 살펴보자.

1892년에 독일의 헤르츠(1887년~1975년)는 음극선이 얇은 금박을
통과할 수 있다는 것을 발견했다. 그는 제자인 레나르트에게 이 실험을
계속하도록 시켰다. 레나르트는 음극선관의 한쪽 끝의 유리를 떼어 내
고 얇은 알루미늄 판을 대었다. 그러니까 유리관을 벽이라고 생각하면
알루미늄 판은 창문인 셈이었다. 이것은 레나르트 창문이라고 부르는
데, 이 창문으로 인해 음극선이 방전관 밖으로 나올 수 있었다.

1894년 5월 5일, 독일의 과학자 뢴트겐(1845년~1923년)은 레나르트
에게 레나르트의 창문을 만드는 방법을 물어보았고, 레나르트는 뢴트
겐에게 창문에 사용되는 금속 박편을 만드는 방법을 가르쳐 주었다.

1895년 10월 말, 뢴트겐은 레나르트의 창문을 단 방전관으로 음극선에 대해 실험하다가 놀라운 발견을 하게 되었다. 바로 X선을 발견한 것이다.

X선을 발견한 1895년 전까지 뢴트겐은 별로 알려지지 않은 과학자였다. 그때까지 그는 49편의 논문을 발표했지만 사람들의 관심을 끌지는 못 했다. 당시에 그는 크룩스의 방전관에 관심이 많았는데, 손재주가 좋은 그는 쉽게 방전관을 제작할 수 있었다.

뢴트겐은 방전관에서 나오는 음극선의 신비로움에 빠져 깜깜한 실험실에서 방전관 실험을 자주 하곤 했다. 1895년 어느 날, 뢴트겐은 실험실에서 방전관 실험을 마치며 전원을 끄고 방전관에 검은 천을 덮으려는 순간, 실수로 스위치를 건드려 방전관이 작동되었다. 그런데, 놀라운 일이 일어났다. 실험실 한쪽에 놓여 있던 형광 스크린이 반짝거렸다. 물론 방전관이 작동되었으므로 관 안에 푸르스름

한 음극선이 생겼겠지만 방전관은 검은 천으로 뒤덮여 있어서 그 빛이 밖으로 새어 나오는 것은 불가능했다. 그렇다면, 무엇이 형광 스크린을 깜박거리게 했을까? 뢴트겐은 그것이 궁금해졌다.

뢴트겐은 형광 스크린에 눈에 보이지 않는 광선이 쪼여졌다고 생각했다. 그는 이 광선이 강력한 투과력을 지니고 있어서 검은 천을 뚫고 나와 형광 스크린에 도달했다고 여겼다. 그는 정체를 알 수 없는 이 광선을 'X선'이라고 불렀다. 방정식에서 모르는 것을 X라고 하듯이, 이런 이름이 붙은 것이다.

뢴트겐은 X선이 정말로 물체를 투과할 수 있는지를 실험해 보기로 했다. 방전관과 형광 스크린 사이에 나무나 책을 놓고 방전관 스위치를 올리자 형광 스크린이 깜빡거렸다. 즉, X선이 나무나 책을 쉽게 뚫고 지나간 것이다. 그는 X선이 어떤 물체까지 투과할 수 있는지를 알아보기 위해 방전관과 형광 스크린 사이에 금속판을 놓았다. 이번에는 형광 스크린이 전혀 깜빡거리지 않았다. 즉, X선은 금속을 뚫고 지나갈 수는 없었다.

뢴트겐은 이 놀라운 발견을 당분간 사람들에게 알리지 않고 혼자 실험에만 매달렸다. 그리고 그는 X선을 사람에게 쪼이면 단단한 뼈는 뚫고 지나가지 못하고 살은 뚫고 지나갈 것이라고 생각하게 되었다. 뢴트겐은 이 생각을 증명하기 위해 아내에게 실험에 참여해 달라고 부탁했다. 방전관 앞에 아내의 손을 놓고 그 뒤에는 사진 필름을 놓았다. 검은색의 사진 필름은 빛을 쪼이면 하얗게 색이 변한다. 스위치를 올리

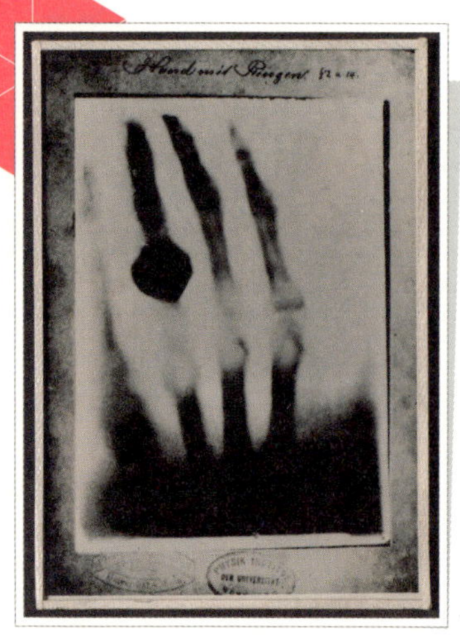

🔶 **뢴트겐이 촬영한 아내의 손뼈 사진**

자 방전관이 작동되고 X선이 아내의 손을 향했다. 아내의 손뼈 쪽으로 지나가는 X선은 손뼈를 통과하지 못하고, 그 외의 곳을 지나간 X선은 손을 통과하여 사진 필름을 하얀색으로 변하게 했다. 사진 필름에 나타난 모습은 손뼈 부분만 검게 나타났고, 다른 부분은 하얗게 변해 버린 모습이었다. 뢴트겐은 최초로 손뼈의 사진을 찍는 데 성공했다.

뢴트겐은 이 결과들을 모두 모아서 뷔르츠부르크 물리학회지에 〈새로운 광선에 대하여〉라는 제목의 논문을 발표했다. 물론 논문에는 아내의 손뼈 사진도 포함시켰다. 이 논문으로 그는 많은 사람들의 입에 오르내릴 정도로 유명해졌고, 1896년 1월 4일에 독일 물리학회 50주년 행사에서 그는 X선에 대해 강연을 했다.

뢴크겐의 X선은 과학자들 못지않게 의사들도 대단한 관심을 가졌다. 그들은 손뼈 사진을 보고 X선 촬영기가 사람 몸속의 뼈 사진을 찍을 수 있는 좋은 의료 기기가 될 거라고 확신했다. 그래서 뢴트겐은 여러 병원을 돌면서 X선에 대해 강연해 주었다.

1901년, 뢴트겐은 X선을 발견한 공로를 인정받아 제1회 노벨 물리학상을 수상했다. 한편 유명한 전기 회사들마다 X선에 대한 특허를 자신들이 사겠다고 했다. 그는 X선의 특허를 넘기면 많은 돈을 벌 수 있었지만 'X선은 모든 인류의 것이지 나의 것은 아닙니다.'라고 말하며, 그 제안을 모두 거절했다. X선이 모든 사람들을 이롭게 해야 한다고 생각했기 때문이다.

오늘날의 X선 촬영기

뢴트겐이 X선을 발견하자 큰 파장을 몰고 왔다. X선은 외과 수술에서 중요한 역할을 하게 되었는데, 1886년 1월 20일에 베를린의 어느 의사는 X선을 이용하여 손가락 속에 박힌 유리 조각을 꺼냈다. 같은 해 2월 7일에 영국의 한 의사는 X선으로 어느 소년의 두개골에 박힌 총알을 꺼내는 데 성공했다.

그런데, X선으로 촬영한 손뼈 사진을 본 일반 시민들은 충격에 휩싸였다. 특히 여자들의 경우는 더 그랬는데, 그들은 X선이 사람의 알몸을 들여다볼 수 있는 투시력을 가졌다고 여기고 외출을 꺼리기까지 할 정도였다.

뢴트겐이 발견한 X선은 최초로 발견된 방사선이다. 방사선은 가시광선과 달리 투과력이 있는 광선이다. 광선이란 어떤 공통의 알갱이들이 좁은 폭으로 선처럼 흘러나오는 것을 말한다. 우리 주위에서 흔히 볼 수 있는 광선은 레이저이다. 레이저를 켜면 붉은빛이 선을 따라서 나아가는 모습을 볼 수 있다. 이것을 레이저 광선이라고 부른다. 이렇게 붉은빛을 내는 레이저 광선은 붉은빛을 내는 빛 알갱이들로 이루어져 있다.

레이저 광선

그러니까 방사선이란 투과력이 있는 광선을 말하고, 물질을 투과하는 능력을 방사능이라고 부른다. 또한 방사능을 내는 원소를 방사능 원소라고 하는데, 우라늄, 라듐, 폴로늄 같은 원소들이 대표적인 방사능 원소이다.

그런데, 가시광선이라는 용어는 여러분에게는 좀 생소할 것이다. 우리 눈에 보이는 빛은 파장에 따라 빨강부터 보라까지의 일곱 색깔의 빛으로 구별이 되는데, 이렇게 눈으로 볼 수 있는 빛을 가시광선이라고 한다. 가시광선은 장애물을 만나면 장애물 뒤에 어두운 그림자가 생긴다. 그것은 가시광선이 장애물을 뚫고 지나가지 못하기 때문이다. 하지만 X선은 장애물을 만나면 그림자를 만들지 않는데, 이것은 X선이 장애물을 뚫고 진행하기 때문이다. 이렇게 어떤 장애물을 뚫고 나가는 능력을 투과력이라고 부른다.

원자 속에는 전자와 양성자가 있다

19세기 중반에 과학자들은 양의 전기의 흐름이 건전지의 양극 (음극과 양극)에서 나와 도선을 따라 흐른 다음 음극으로 들어간다고 생각했다. 그리고 이런 양의 입자의 흐름을 전류라고 했다. 그러므로 전류는 양극에서 음극으로 진행한다고 믿었다.

1891년에 영국 퀸즈 대학의 스토니(1826년~1911년)는 전기의 성질을 연구하다가 물질이 가진 전기량 중에서 가장 작은 값이 존재하고, 모든 전기량은 이 값의 두 배, 세 배와 같이 늘어나게 된다는 것을 알아냈다. 이것은 전류가 전기량의 최솟값을 갖는 공통의 입자로 이루어져 있다는 것을 뜻한다. 스토니는 이 입자를 '전자'라고 불렀다.

그 후 과학자들은 전자를 발견하기 위해 많은 노력을 기울였다. 그러다 영국의 톰슨은 위대한 발견을 이루었다. 1898년에 영국 캐번디시 연구소의 소장인 톰슨(1856년~1940년)은 음극선에 자석을 가까이 가져다 대면 음극선이 휘어진다는 것을 알아냈다. 전기를 띤 입자는 자석이 만들어 내는 자기장 속에서 휘어지게 되므로 음극선 자체가 전기를 띠고 있다는 것을 알아낸 것이다. 그리하여 톰슨은 음극선이 음의 전기를 띠고 있다는 것을 밝혀냈다.

톰슨은 실험과 계산을 통해 음극선이 스토니가 얘기한 전자들의 흐름임을 밝혀냈다. 전자는 놀랍게도 음의 전기를 띠고 있었고, 전자 하나가 띠는 전기량은 엄청나게 작았다. 그러므로 전류는 양의 전기가 도선을 따라 움직이는 것이 아니라 음의 전기를 띤 전자의 흐름이라는 것이 밝혀진 것이다. 하지만 이때에는 이미 전기와 자기에 대한 이론이 완성되었다. 과학자들은 전류가 양의 전기를 띤 알갱이들의 흐름이고,

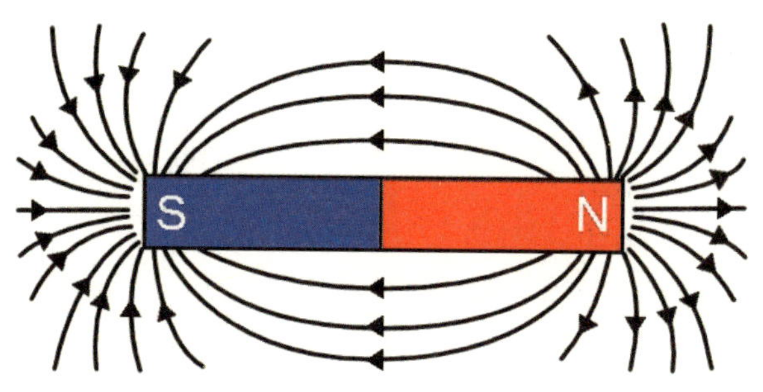

자석의 자기장

전류는 양극에서 음극으로 흐른다고 믿어 왔다. 그래서 혼란을 피하기 위해 전류의 방향을 양극에서 음극으로 흐르는 것으로 그대로 유지하게 된 것이다.

그렇다면 음의 전기를 띤 전자는 어디에서 나온 것일까? 이 문제를 최초로 고민한 과학자는 전자를 발견한 톰슨이었다. 톰슨은 모든 물질이 원자로 이루어져 있으므로, 전자는 원자를 이루는 작은 알갱이라고 생각했다. 그런데 원자가 전자로만 이루어져 있으면 음의 전기를 띠게 되므로 문제가 생긴다. 그래서 톰슨은 원자 속에는 음의 전기를 띤 전자 외에도 양의 전기를 띤 부분이 있다고 생각했다.

원자 속에 (+)전기는 어떻게 분포되어 있을까? 톰슨은 원자가 수박처럼 (+)부분이 골고루 퍼져 있고, 수박씨처럼 전자들이 드문드문 박혀 있다고 생각했다. 처음에는 많은 물리학자들이 톰슨의 원자 모형을 지지했다. 그런데 그의 제자인 러더퍼드(1871년~1937년)는 얇은 금박에 라듐에서 나오는 방사선을 쪼였다. 금은 금 원자들이 주기적으로 배열되어 있는 모습인데, 이 실험에서 러더퍼드는 금 원자의 어떤 부분에 쪼여진 방사선이 뒤로 튕겨 나가는 모습을 발견했다.

방사선이란 에너지가 강한 알갱이들의 흐름이다. 라듐은 무시무시한 방사선을 내는데, 이때 나오는 방사선을 알파방사선이라고 부른다.

이 방사선은 아주 빠르게 움직이는 양의 전기를 띤 알갱이들의 흐름이다. 이 알갱이들은 에너지가 매우 커서 보통의 빛이 뚫지 못하는 두꺼운 책도 뚫고 지나갈 수 있다.

톰슨의 주장대로 (+)전기를 띤 부분이 수박의 살 부분처럼 골고루 퍼져 있다고 하면, 알파방사선이 금 원자를 쉽게 뚫고 지나갈 것이다. 즉, 금박에서 뒤로 튕겨 나가지는 않을 것이다. 이것은 마치 총알이 종이를 뚫고 지나가는 현상과 같다. 종이에 총알을 쏘았는데, 총알이 종이에 맞고 뒤로 튕길 리는 없을 테니까.

하지만 종이를 여러 번 접어 두껍게 만들어 한군데로 모으면 총알이 뚫지 못할 정도로 매우 단단해진다. 그러니까 알파방사선이 금박의 어떤 부분에서 뒤로 튕기는 상황이 일어나려면 여러 번 접은 종이처럼 원자 속에 매우 단단한 부분이 있어야 한다. 러더퍼드는 양의 전기를 띠는 부분이 작은 지역에 몰려 있고, 그 부분이 매우 단단한 부분이 된다고 생각했다. 물론 그 부분은 원자의 중심에 있는데 이것을 '원자핵'이라고 부른다.

그럼, 전자는 어디에 있을까? 전자는 가만히 있지 않는다. 달이 지구 주위를 빙빙 도는 것처럼 전자는 원자핵 주위를 빙빙 돌고 있다. 왜 원자핵은 중앙에 가만히 있고 전자가 돌까? 그것은 원자핵이 전자에 비해 매우 무겁기 때문이다. 가장 가벼운 수소 원자의 경우 원자핵은 전자 질량의 1,840배나 된다.

수소 원자 속에는 전자가 한 개 있다. 그리고 수소의 원자핵이 가지는 양의 전기와 전자가 가지는 음의 전기는 크기는 같고, 부호는 반대이다. 그러므로, 수소 원자는 전기를 띠지 않는다. 수소 다음으로 가벼운 헬륨 원자는 원자핵 주위를 전자 두 개가 돌고 있다. 헬륨의 원자핵은 수소 원자핵이 가지는 전기의 두 배를 가지고 있다. 이것이 전자 두 개가 가지는 음의 전기와 평형을 이루어 헬륨 원자도 전기를 띠지 않는다.

이렇게 원자핵 주위를 도는 전자의 개수가 달라지면 다른 원자가 된다. 예를 들어, 산소 원자 속에는 8개의 전자들이 돌고 있고, 산소 원자핵은 수소 원자핵이 가지는 전기의 여덟 배의 전기를 띠고 있다.

이때, 원자들이 가지고 있는 전자의 개수는 어떤 원자인지를 나타내는 중요한 수가 되는데, 이 수를 '원자 번호'라고 한다. 그러니까 수소의 원자 번호는 1번, 헬륨의 원자 번호는 2번, 산소의 원자 번호는 8번인

⬡ **원자 번호**
헬륨 원자 속에는 두 개의 전자들이 돌고 있고, 헬륨의 원자 번호는 2번이다.

것이다.

　그렇다면, 원자핵은 얼마나 클까? 러더퍼드의 실험 결과, 원자핵의 크기는 놀랍게도 원자 전체 크기의 만 분의 일에서 십만 분의 일 사이인 것으로 밝혀졌다. 그러므로 원자의 중심에는 아주 작은 원자핵이 있고 그 주위를 크기를 알 수 없을 정도로 작고 가벼운 전자들이 돌고 있는 것이다. 원자핵과 전자 사이는 텅 비어 있으니까 우리가 원자 속으로 여행한다면 거의 아무것도 보이지 않는 황량한 모습을 발견할 것이다.

　러더퍼드는 원자핵 역시 양의 전기를 띤 입자로 이루어져 있다고 생각했다. 그리고 가장 작은 원자핵인 수소의 원자핵은 하나의 입자로 이루어져 있는데, 이것을 '양성자'라고 불렀다.

퀴리 부인과 방사능 원소

퀴리 부인, 방사능 원소들을 발견하다

뢴트겐이 발견한 X선은 음극선이 만들어 낸 방사선이었다. 이것은 방전관이라는 특별한 장치를 통해 인공적으로 만들어지기 때문에 인공 방사선이라고 부른다. 하지만 어떤 물질은 물질 자체가 스스로 방사선을 방출하는데, 이것을 천연 방사선이라고 부른다. 천연 방사선은 베크렐(1852년~1908년)과 퀴리 부인(1867년~1934년)에 의해 발견되었다.

1896년, 프랑스 소르본 대학교 물리학과의 베크렐 교수는 형광 물질에 관심이 많았다. 어떤 광물에 빛을 쪼여 주면 반짝거리는 푸른빛을 내는데, 이것이 바로 형광 현상이다. 형광 현상은 광물에 빛을 쪼여 주었을 때만 나타나는 현상이므로, 빛이 없는 어둠 속에서는 형광 현상이 일어나지 않는다.

뢴트겐이 X선을 발견했다는 소식을 들은 베크렐은 형광 물질에서도 X선이 나올 것이라고 생각했다. 그는 사진판을 검은 종이로 싸서 빛이 들어가지 못하게 한 다음 그 위에 형광 물질을 올려놓았다. 만일 그의 생각대로 형광 물질에서 X선이 나온다면 투과력이 강한 X선이 검은 종이를 뚫고 나와 사진판을 검게 만들게 될 것이다. 하지만 그는 실험해 보았지만 사진판은 조금도 검게 변하지 않았다. 즉, 형광 물질에서 X선이 나오지 않았던 것이다.

베크렐은 좀 더 강력한 형광을 띠는 우라늄 염을 이용해 실험하기로 했다. 우라늄 염 속에는 강한 형광을 내는 우라늄이 들어 있었다. 그런데 날씨가 너무 흐려서 실험을 할 수 없다고 판단한 베크렐은 우라늄 염을 서랍 속에 처박아 두었다. 이때 서랍 속에는 사용하지 않은 사진 필름 더미가 들어 있었고, 우라늄 염은 그 위에 놓이게 되었다.

얼마 후, 다시 실험을 하기 위해 베크렐이 우라늄 염을 꺼냈을 때 사진판이 검게 변한 것을 알고는 우라늄 염으로부터 미지의 광선이 나온다는 것을 알아냈다. 베크렐은 그 광물이 우라늄을 포함하고 있으므로, 이 광선이 우라늄에서 나온 광선이라고 판단했다. 이것은 빛이나 방전관(전극을 넣어 봉하고 그 가운데에 저압 기체를 넣어서 전극 사이에 전류를 통하게 하는 전자관)과 같은 장치의 도움 없이 광물 자체에서 나

✧ **우라늄 원석**

온 광선이므로, 형광 현상도 아니고 X선이 나온 것도 아니었다. 베크렐은 물질 자체가 스스로 방출하는 방사선을 발견한 셈인데, 이것은 천연 방사선 또는 자연 방사선이라고 부르게 되었다.

베크렐이 천연 방사선을 발견한 사건은 그의 제자인 퀴리 부인에게 큰 영향을 주었다. 퀴리 부인은 1867년 11월 7일에 폴란드 바르샤바에서 태어났다. 그녀는 프랑스 파리 소르본 대학교에서 물리학을 공부하고 여성 최초로 프랑스 과학 아카데미의 회원이 되었다. 그리고 폴로늄과 라듐이라는 물질을 발견해, 가장 훌륭한 과학자들에게만 준다는 노벨상을 두 번 받았다.

퀴리 부인이 살던 바르샤바는 러시아의 지배를 받고 있었다. 그녀의 부모님은 교사였지만 집은 매우 가난했다. 하지만 훌륭한 부모님 덕에 퀴리 부인은 과학에 흥미를 가질 수 있었고, 공부도 잘해서 14살 때 학교를 1등으로 졸업했다.

퀴리 부인은 대학교에 들어가서 과학을 공부하고 싶었지만 그 당시에 폴란드의 대학교에서는 여학생을 받아주지 않았다. 그래서 외국에 있는 대학교에 들어가기로 결심했다. 하지만 집이 가난했기 때문에 5년 동안 가정교사를 하며 열심히 돈을 모았고, 1891년 가을에 그토록 가고 싶었던 프랑스 파리에 있는 소르본 대학교에 입학했다. 그녀는 학교 근처에 조그마한 다락방을 얻어 열심히 공부를 했다.

1894년 봄, 퀴리 부인은 피에르와 만났다. 그때 그녀는 폴란드로 잠깐 돌아와 있었는데 폴란드에서 과학을 계속 연구할 것인지 아니면 파

리로 돌아갈 것인지를 놓고 고민하고 있었다. 그
러던 중 피에르에게 선물을 받았다. 그것은 꽃
도 초콜릿도 아닌 피에르의 논문이었다. 그 논
문의 속표지에는 '필자의 존경과 우정을 드리
며'라고 써 있었다. 그 후 퀴리 부인은 다시 프
랑스로 돌아와 그와 평생 함께하며 공부하기로
결심했다.

두 사람은 1895년 7월에 결혼했다. 그녀는
화려한 웨딩드레스 대신 형부가 선물해 준 간소
한 외출복을 입었다. 그리고 사촌이 선물해 준
자전거를 타고 신혼여행을 하는 내내 과학 연구를 했다.

베크렐이 방사선을 발견한 것에 자극을 받은 퀴리 부인은 우라늄 염
뿐 아니라 다른 광물을 가지고 베크렐이 했던 실험을 다시 해 보았다.
그 결과, 토륨에서도 방사선이 나온다는 것을 알아냈다. 1898년에 퀴
리 부인은 우라늄이 포함되어 있는 피치블렌드라는 광석에서 우라늄
보다 더 많은 방사선을 뿜어내는 원소가 있음을 알게 되었다. 그래서
남편과 함께 피치블렌드 속의 새로운 원소를 찾았고, 두 사람은 우라
늄보다 강한 방사능을 가진 두 종류의 새로운 원소가 있다는 사실을
알아냈다. 그중 하나는 조국인 폴란드의 이름을 따서 '폴로늄'이라고
불렀고, 다른 하나는 방사능을 나타내는 영어인 '라디에이션'을 따서
'라듐'이라고 이름을 지었다. 그리하여 퀴리 부인은 1903년에 노벨 물

리학상을 받았다.

　하지만 라듐은 화합물의 형태로 추출되었다. 그래서 라듐의 화합물에서 금속 라듐을 분리하기 위해 노력했다. 그러던 중 1906년 4월 19일에 슬픈 일이 생겼다. 남편 피에르 퀴리가 고민을 하며 길을 걷다가 무거운 짐을 실고 빠르게 달리는 마차에 부딪혀 죽는 사건이 벌어진 것이다. 피에르의 죽음으로 절망에 빠진 퀴리 부인은 소르본 대학교에서 남편이 맡고 있던 교수직을 맡게 되었다. 이로써 1906년에 퀴리 부인은 여성 최초로 소르본 대학교의 교수가 되었다.

　1910년 퀴리 부인은 오랜 실험 끝에 순수한 라듐을 얻는 데 성공했다. 그것은 흰색 광택이 나는 금속이었는데, 이 발견으로 퀴리 부인은 1911년에 두 번째 노벨상인 노벨 화학상을 받았다.

채드윅, 중성자를 발견하다

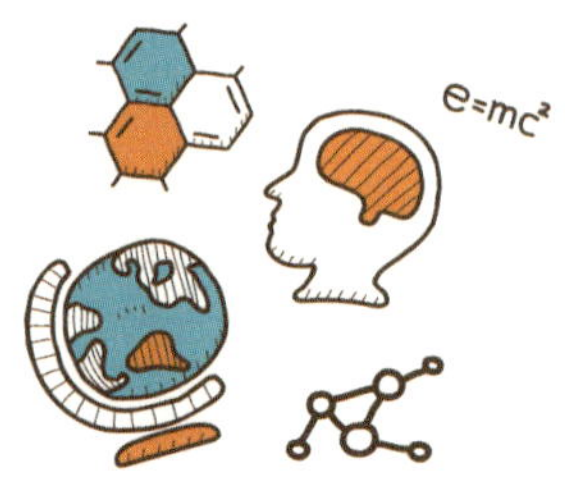

러더퍼드가 양성자를 발견하자 과학자들은, 모든 원자는 양성자로 이루어진 원자핵과 그 주위를 도는 전자로 이루어져 있다고 생각했다. 하지만 이 생각은 수소에 대해서는 잘 적용되지만 원자번호 2번인 헬륨부터는 문제가 발생했다.

전자 한 개가 양성자 한 개의 주위를 돌면 전기를 띠지 않는 수소 원자가 된다. 그렇다면 헬륨의 경우는 전자 두 개가 양성자 두 개로 이루어진 원자핵 주위를 돌면 될 것처럼 보인다. 하지만 이것에는 심각한 문제가 있다. 전자는 양성자에 비해 너무나 가볍기 때문에 원자의 질량은 원자핵의 질량이라고 볼 수 있다. 헬륨 원자는 수소 원자보다 4배 무겁다. 만일, 헬륨의 원자핵이 두 개의 양성자로 이루어져 있다면 헬륨 원자는 수소 원자보다 2배 무거워야 한다.

1913년에 러더퍼드는 헬륨 원자에는 4개의 전자가 있고 원자핵은 4개의 양성자로 이루어져 있으며, 그중 두 개의 전자는 원자핵 속에 갇혀 있고 나머지 두 개의 전자는 원자핵 주위를 돈다고 설명했다. 하지만 러더퍼드의 생각에는 문제가 있었다. 전자는 미꾸라지처럼 잘 빠져 나가는데, 이런 전자를 조그만 원자핵 안에 가두어 둔다는 것을 과학적으로 설명하기가 어려웠다.

1920년에 러더퍼드는 자신이 주장했던 원자핵 속에 갇힌 전자를 부정하고 원자핵 속에 전기적으로 중성인 입자가 있을 것이라고 주장했다. 이것이 바로 '중성자'이다. 중성자의 질량은 양성자의 질량과 거의 같아야 한다.

1930년 독일의 보테(1891년~1957년)는 방사선을 베릴륨 원자에 쪼였다. 보테가 사용한 방사선은 폴로늄에서 나오는 양의 전기를 띤 강한 방사선이었다. 이렇게 폴로늄에서 나온 방사선에 쪼여진 베릴륨 원자에서 미지의 새로운 광선이 나왔다. 그래서 보테는 이 방사선이 베릴륨에서 나왔기 때문에 베릴륨 선이라고 이름을 붙였다.

그리고 많은 과학자들은 베릴륨 선의 정체가 무엇인지 궁금해 했다. 과학자들은 먼저 베릴륨 선이 어떤 전기를 띠는지 조사해 보았다. 만일 베릴륨 선이 양의 전기를 띤다면 새로운 광선이 아니라 베릴륨 선에 쪼여 준 방사선이 그대로 나온 것으로 볼 수 있기 때문이었다.

놀랍게도 베릴륨 선은 전기를 띠지 않았다. 그러니까 베릴륨 선은 폴

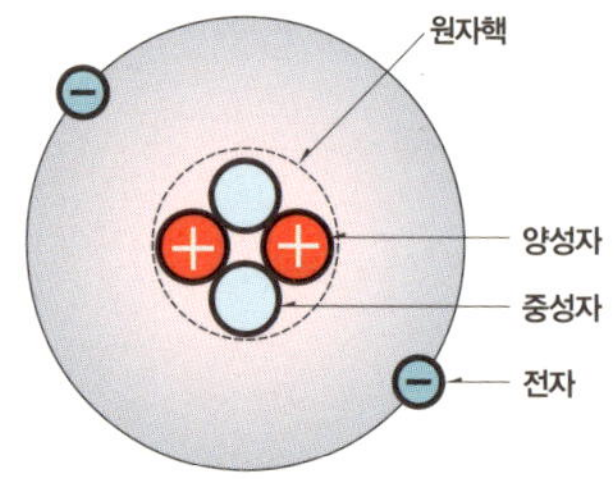

⬡ **원자의 구성**

원자는 원자핵과 양성자, 중성자, 전자로 구성되어 있다.

⬡ **베릴륨**

베릴륨을 나타내는 원소 기호는 'Be'이고, 원자 번호는 '4번'이다.

로늄에서 나온 방사선이 아니었던 것이다. 그 후, 일부 과학자는 전기를 띠지 않는 물질은 빛 알갱이뿐이므로 이 물질이 혹시 눈에 보이지 않는 빛이 아닐까 생각했다.

하지만 채드윅(1891년~1974년)은 이 생각에 반기를 들었다. 그는 베릴륨 선을 양성자에 충돌시켜 보았다. 그랬더니 베릴륨 선에 맞은 양성자가 마치 당구공에 부딪친 당구공처럼 크게 튕겨 나가는 모습이 확인되었다. 만일, 베릴륨 선이 빛이라면 빛은 질량이 없기 때문에 무거운 양성자를 당구공을 튕기듯이 튕겨 나가게 할 수는 없을 것이다.

예를 들어 보자. 정지해 있는 당구공에 당구공을 던져 맞추면 정지해 있던 당구공이 빠르게 튕겨 나간다. 하지만 이 당구공에 아주 가벼운 쌀알을 던지면 당구공이 움직일까? 당구공은 꼼짝도 안 할 것이다.

정지해 있는 당구공을 양성자에 비유해 보자. 그렇다면 양성자를 크게 튕겨 나가게 한 베릴륨 선은 쌀알처럼 가벼운 알갱이로 이루어져 있는 것이 아니라 양성자만큼 무거운 알갱이로 이루어져 있는 셈이다. 채드윅은 여러 번의 실험을 통해 베릴륨 선을 이루고 있는 알갱이들은 전기를 띠고 있지 않고, 양성자와 거의 질량이 같은 새로운 알갱이들임을 알아냈다. 이것이 바로 중성자이다.

중성자가 발견되자, 이제 완전한 원자 모형이 세워질 수 있었다. 가장 가벼운 원자인 수소 원자의 원자핵은 양성자 하나로 이루어져 있고 주위에 전자 하나가 돌고 있다. 그리고 수소의 네 배의 질량을 가진 헬륨 원자의 원자핵은 양성자 2개와 중성자 2개로 이루어져 있다. 그러니까 헬륨 원자 속의 전자는 2개만 있으면

◈ **중성자를 발견한 채드윅**

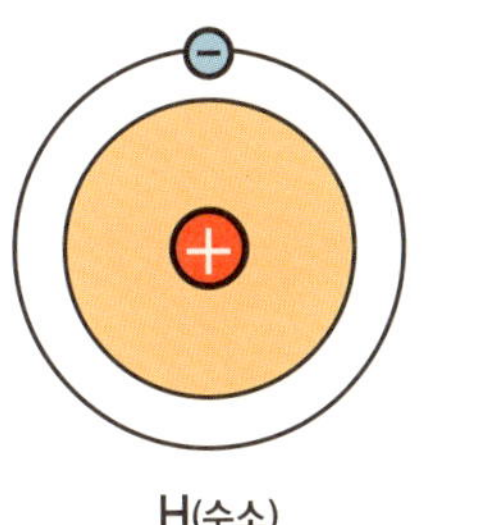

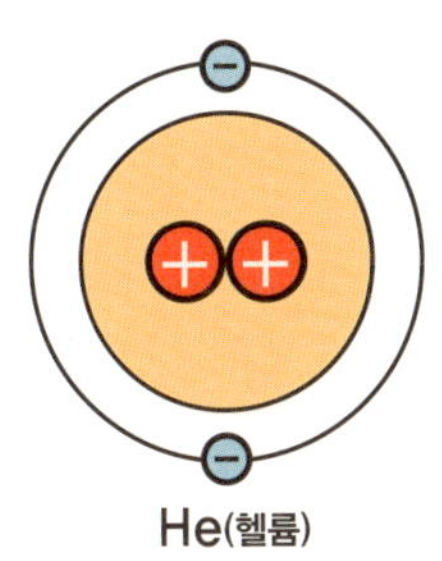

◈ **수소 원자와 헬륨 원자**

수소의 네 배의 질량을 가진 헬륨 원자의 원자핵은 양성자 2개와 중성자 2개로 이루어져 있다.

된다.

　채드윅이 중성자를 발견하자, 모든 원자핵 속의 양성자의 개수와 전자의 개수가 같다는 것이 밝혀졌다. 그리고 원자핵 속에는 전기를 띠지 않는 중성자가 살고 있다는 것도 밝혀졌다.

　중학교 과학 시간에는 '원자 번호'라는 말을 자주 듣게 된다. 원자핵 속의 양성자의 개수를 원자 번호라고 부른다. 그러니까 수소는 1번, 헬륨은 2번, 리튬은 3번 등으로 부르는 것이다. 우리가 숨을 쉬는 데 필요한 산소는 원자 번호가 8번이다. 그리고 산소의 원자핵은 양성자 8개와 중성자 8개로 이루어져 있고, 원자핵 주위에 8개의 전자가 살고 있다.

　그럼, 양성자의 개수와 중성자의 개수는 항상 같을까? 그것은 아니다. 우선 수소를 살펴보면, 수소의 원자핵은 양성자 하나로만 이루어져 있고 중성자는 없다. 하지만 헬륨은 양성자의 수와 중성자의 수가 2개로 같고, 리튬은 양성자의 수와 중성자의 수가 3개씩으로 같고, 산소는

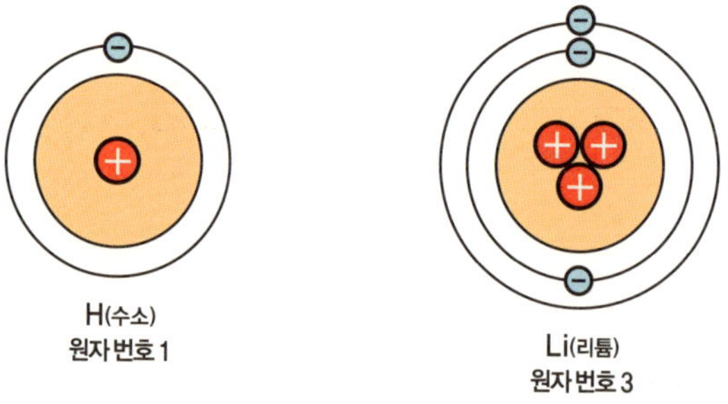

❉ **수소와 리튬의 원자 번호**

양성자의 수와 중성자의 수가 8개씩으로 같다.

원자 번호 1번부터 8번까지를 살펴보면 다음 표와 같다.

원자 번호	원소 기호	원소 이름	양성자의 수	중성자의 수
1	H	수소	1	0
2	He	헬륨	2	2
3	Li	리튬	3	3
4	Be	베릴륨	4	4
5	B	붕소	5	5
6	C	탄소	6	6
7	N	질소	7	7
8	O	산소	8	8

수소를 제외한 모든 원자는 같은 수의 양성자와 중성자를 가질까? 그렇지는 않다. 원자 번호 92번인 우라늄은 수소보다 238배 무겁다. 그런데 우라늄의 양성자의 수는 92개이다. 그러므로 '238-92=146(개)'의 중성자가 필요하다. 그러므로 우라늄의 경우에는 중성자가 양성자보다 훨씬 많다. 일반적으로 가벼운 원자의 경우에는 양성자의 수와 중성자의 수가 같지만 무거운 원자의 경우에는 중성자의 수가 양성자의 수보다 훨씬 많다.

양성자의 질량과 중성자의 질량은 거의 같고, 전자의 질량은 너무 가벼우므로 원자의 질량은 거의 양성자의 질량과 중성자의 질량을 더한 값이 된다. 그래서 과학자들은 양성자 또는 중성자 한 개의 질량을 1이라고 하여 원자의 질량을 비교하는데, 그것을 '원자량'이라고 한다. 그러므로 원자핵 속에 양성자 한 개를 가지고 있는 수소의 원자량은 1이고, 양성자 2개와 중성자 2개를 가지고 있는 헬륨의 원자량은 4이며, 양성자 3개와 중성자 3개를 가지고 있는 리튬의 원자량은 6이다. 그리고 우라늄의 경우에는 양성자 92개와 중성자 146개를 가지고 있으므로 원자량은 238이 되는 것이다.

그러므로 가벼운 원자의 경우에는 양성자의 수와 중성자의 수가 같으므로 원자 번호의 두 배가 원자량이 된다. 예를 들어, 원자 번호가 8번인 산소의 원자량은 8의 두 배인 16이 된다. 하지만 무거운 원자는 중성자가 더 많으므로 그렇지가 않다. 우라늄의 원자 번호는 92번인데 원자량은 92의 두 배인 184보다 큰 238이다.

양성자의 개수는 같은데 중성자의 개수가 다른 동위 원소

어떤 원자에서 양성자의 개수는 같은데 중성자의 개수가 달라지면 원자 번호는 같지만, 원자의 질량이 달라진다. 즉, 중성자의 개수가 많아질수록 무거워진다. 이렇게 양성자의 개수는 같은데 중성자의 개수가 다른 원소를 그 원소의 '동위 원소'라고 부른다.

예를 들어, 보통의 수소 원자핵은 양성자 하나로 이루어져 있다. 그런데 수소 중에는 양성자 한 개와 중성자 한 개로 이루어진 원자핵을 가지고 있는 것이 있다. 이런 수소를 무거운 수소라는 뜻으로 '중수소'라고 부른다. 또, 양성자 한 개와 중성자 두 개로 이루어진 원자핵을 가진 수소도 있는데, 이것은 '삼중수소'라고 부른다. 그러므로 수소의 동위 원소로는 중수소와 삼중수소가 있다.

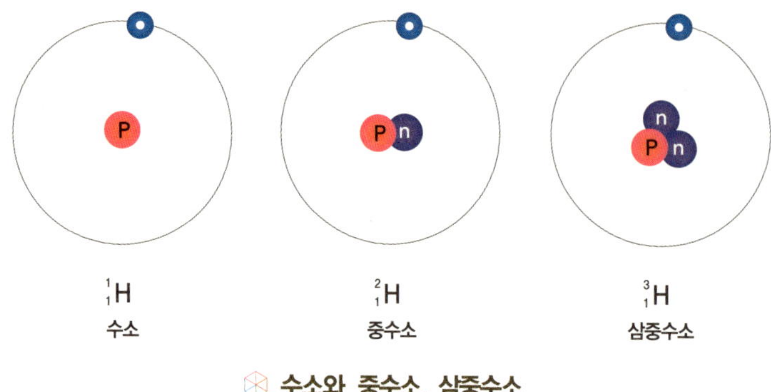

⬡ **수소와 중수소, 삼중수소**

보통 수소의 원자량은 1이지만 중수소의 원자량은 2, 삼중수소의 원자량은 3이 된다. 중수소와 삼중수소는 무거운 수소이지만 수소가 가지고 있는 화학적인 성질을 그대로 지니고 있다. 그러므로 보통의 수소가 산소와 결합해 물을 만들 듯이 중수소와 삼중수소도 산소와 결합해 물을 만드는데, 이렇게 만들어진 물은 보통의 물보다 무겁다. 그래서 중수소와 산소가 만든 물을 무거운 물이라는 뜻에서 중수라 부르고, 삼중수소와 산소가 만든 물을 삼중수라 부르는 것이다.

그렇다면, 수소만 동위 원소를 가질까? 그렇지는 않다. 대부분의 원소들은 동위 원소를 가지고 있다. 예를 들어, 보통의 헬륨은 양성자 2개와 중성자 2개로 이루어진 원자핵을 가지고 있다. 하지만 헬륨 중에는 양성자 2개와 중성자 1개로 이루어진 원자핵을 가진 것도 있는데, 이 헬륨은 보통의 헬륨보다 가볍다. 이 헬륨은 원자핵 안에 3개의 알갱이가 있다고 해서 헬륨3이라고 부른다.

헬륨3의 원자량은 3이다. 그리고 삼중수소의 원자량도 3이다. 즉, 수소의 동위 원소 중의 하나인 삼중수소와 헬륨의 동위 원소인 헬륨3의 원자량은 같다. 하지만 그 둘의 화학적인 성질은 다르다. 삼중수소는 수소의 성질을, 헬륨3는 헬륨의 성질을 지니기 때문이다.

그렇다면 이상하지 않은가? 핵 안에는 양성자와 중성자가 산다고 했으니 말이다. 양성자들은 양의 전기를 띠고 있으니까 양성자들끼리는 서로 반발할 것이다. 그런데, 어떻게 양성자들이 반발하지 않고 작은 핵 안에서 함께 살 수 있는 것일까? 그 이유는 간단하다. 같은 부호의 전기끼리는 서로를 밀치는 힘이 존재하기 때문이다. 예를 들어, 산소 원자핵에는 8개의 양성자가 있는데 이들 양성자들끼리 서로를 밀치는 힘이 존재한다.

좀 더 쉽게 이해하기 위해 비유해 보겠다. 주차장에 서 있는 자동차를 밀었는데 차가 안 움직일 때가 있을 것이다. 자동차는 사람이 미는 힘을 받았는데, 왜 안 움직일까? 힘을 받으면 물체는 힘을 받은 방향으로 움직여야 한다. 하지만 그렇지 않을 때가 있는데, 바로 마찰력 때문이다. 마찰력은 물체에 힘을 가하는 방향의 반대 방향으로 작용하는 힘이다. 땅바닥이 자동차가 움직이는 것을 막는 힘인 마찰력이 자동차에 작용하면, 사람이 미는 힘과 마찰력은 크기는 같고 방향은 반대이므로 두 힘을 합치면 0이 된다. 그러므로 자동차는 아무 힘도 작용하지 않았을 때처럼 정지해 있는 것이다.

운동 방향과 반대로 작용하는 마찰력이 있듯이, 양성자들 사이에

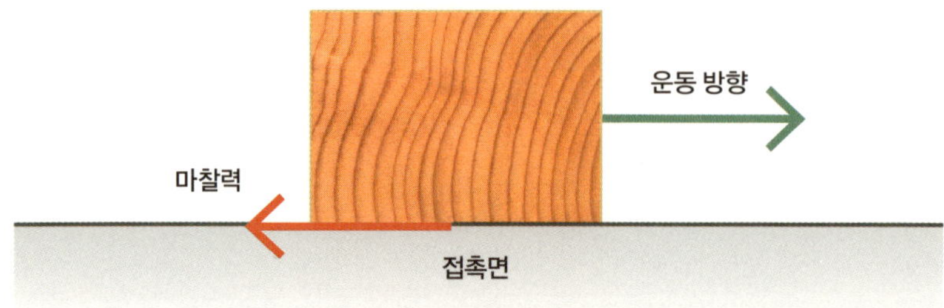

작용하는 다른 힘이 있다. 양성자와 양성자 사이, 그리고 양성자와 중성자 사이, 또 중성자와 중성자 사이에는 서로를 강하게 당기는 힘이 있다. 이 힘은 아주 강하기 때문에 강력이라고 부르기도 하고, 핵 안에서 작용하는 힘이기 때문에 핵력 또는 원자력이라고 부른다. 즉, 양성자와 양성자 사이의 핵력이 둘 사이의 전기적인 힘보다 훨씬 강하기 때문에 양성자들은 뭉쳐 있을 수밖에 없는 것이다.

여기서 잠깐, 만유인력을 생각해 보자. 지구가 태양 주위를 도는 것은 지구와 태양 사이의 만유인력 때문이다. 이 힘은 아주 멀리 떨어진 두 물체 사이에도 작용하는 힘이다. 하지만 핵력은 핵 안에 사는 식구들 사이에만 작용하는 힘이고, 핵의 크기는 너무 작으니까 핵력은 아주 짧은 거리에서 작용하는 힘이다.

방사선은 어떻게 원자핵에서 나오는 걸까?

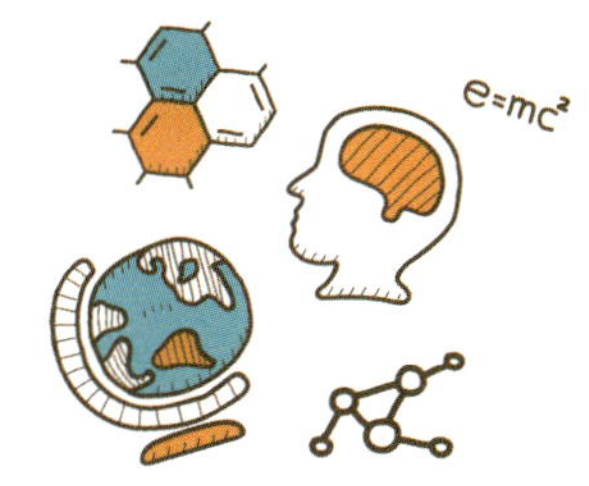

이제, 방사선이 원자핵에서 어떻게 나오게 되는지를 알아보자. 방사선의 종류는 크게 세 가지로 나뉜다. 그 세 가지는 알파방사선, 베타방사선, 감마방사선이다. 그런데 이 각각의 방사선은 성격이 다르다. 우선 알파방사선은 양의 전기를 띠고, 베타방사선은 음의 전기를 띠며, 감마방사선은 전기를 띠고 있지 않다.

세 종류의 방사선은 왜 서로 다른 전기를 가질까? 그것은 세 종류의 방사선을 이루는 공통의 알갱이가 다르기 때문이다. 우선 알파방사선은 양성자 두 개와 중성자 두 개가 달라붙은 알갱이의 흐름이다. 즉, 헬륨의 원자핵이다. 알파방사선을 이루는 알갱이들은 양의 전기를 띠므로, 알파방사선은 양의 전기를 띠는 것이다. 그리고, 베타방사선은 원자핵에서 아주 빠르게 튀어 나오는 전자들의 흐름이다. 전자는 음의 전기를 띠고 있으므로, 베타방사선은 음의 전기를 띠는 것이다.

또한, 감마방사선은 바로 빛이다. 원자핵에서 나오는 매우 에너지가 큰 빛이다. 빛은 빛인데 우리 눈에 보이지 않는 투과력이 강한 빛이다. 가시광선 중에서 파장이 가장 짧은 빛은 보랏빛인데, 보랏빛보다 파장이 짧으면 우리 눈에 보이지 않는다. 그 빛을 자외선이라고 하는데, 자외선보다 파장이 짧으면 X선, 파장이 더욱 짧아지면 감마선이 된다. 그런데 파장이 짧을수록 빛 알갱이의 에너지가 커지니까 감마방사선 속의 빛 알갱이들은 에너지가 큰 것이다.

세 종류의 방사선 중에서 투과력이 가장 강한 것은 감마방사선이고, 그 다음은 베타방사선, 가장 투과력이 약한 방사선은 알파방사선이다. 과학자들은 세 종류의 방사선을 알루미늄 판에 쪼였을 때 방사능의 세기가 절반으로 줄어드는 알루미늄 판의 두께가 다르다는 것을 알아냈다. 이 두께가 두꺼울수록 투과력이 강한 것을 뜻한다. 그런데 실험 결과, 방사능의 세기가 절반으로 줄어드는 알루미늄 판의 두께는 알파방사선의 경우는 0.0005센티미터이고, 베타방사선은 0.05센티미터, 감마방사선은 8센티미터였다. 그러므로, 감마방사선의 투과력이 제일 강하다는 것을 알 수 있다.

예를 들어, 앞에 차들이 많이 있어 길이 막혀 있는 도로가 있다고 하자. 이런 도로에 대형 트럭, 소형차, 오토바이가 들어섰다고 치자. 대형 트럭은 덩치가 커서 차들 사이를 뚫고 갈 수 없지만, 소형차는 자신이 통과할 수 있을 만큼의 폭이 주어지면 그곳을 지나가서 조금 나아갈 수 있을 것이다. 하지만 차들이 많기 때문에 그리 긴 거리를 움직일 수 없을 것이다. 오토바이는 덩치가 작으니까 차와 차 사이를 비집고 막힌 길을 뚫고 지나갈 수 있다. 그러므로 막힌 길을 뚫고 지나가는 능력을 투과력이라고 생각한다면, 덩치가 가장 작은 오토바이가 투과력이 가장 세고, 덩치가 가장 큰 트럭이 투과력이 가장 약한 것이다.

방사선의 경우에도 마찬가지이다. 알파방사선은 양성자 두 개와 중성자 두 개가 붙어 있는 알갱이의 흐름이다. 그런데 양성자나 중성자는 전자보다 2천 배 정도 무겁다. 그러니 당연히 덩치도 크다. 그러므로 알파방사선은 전자들의 흐름인 베타방사선보다 투과력이 약하다. 감마방사선은 빛 알갱이들의 흐름이다. 그런데 빛 알갱이는 질량이 0이다. 그러므로 가장 덩치가 작다. 그래서 감마방사선이 제일 투과력이 센 것이다. 오토바이처럼 말이다.

알파방사선이 생기는 이유는 원자핵의 다이어트와 관계가 있다. 대개 알파방사선을 내는 원소들은 무거운 원소이다. 그러니까 양성자 두 개와 중성자 두 개로 이루어진 알갱이를 내보내서 무게를 줄여 가벼운 원자핵이 되고 싶어 한다.

베타방사선이 나오는 원인은 조금 다르다. 베타방사선은 전자들의 흐름이다. 그런데 전자는 너무 너무 가벼워서 다이어트에는 별 도움이 되지 않는다. 이 책의 지은이인 나는 원자핵 속에서 왜 전자들이 튀어 나오는지를 연구했다. 그 결과, 어떤 원자핵에 에너지가 큰 중성자가 흡수되면 중성자가 양성자로 바뀐다는 것을 알아냈다. 그런데 이 과정에서 튀어 나오는 것이 바로 전자이다. 그러면 다음과 같이 정리할 수 있다.

$$중성자 \longrightarrow 양성자 + 전자$$

중성자는 전기를 안 띠고 있다. 그런데 반응한 후에 양성자는 양의 전기를, 전자는 음의 전기를 띠고 있어서, 양성자와 전자의 전기량을 합치면 0이 된다. 그러므로 전기량이 보존되는 것이다. 이 과정은 원자핵 안에서 일어나기 때문에 원자핵 속에서 전자들이 튀어 나오는 것이고, 이 전자들이 모여서 베타방사선을 만드는 것이다.

그런데, 예전에는 원자를 우라늄이라고 알고 있었다. 우라늄은 원자번호가 92번이고 원자량은 238이다. 즉, 우라늄은 양성자가 92개, 중성자가 146개나 되는 무거운 원자핵을 가지고 있다. 원자핵에 대해 조금씩 그 정체가 알려지던 때에 원자 번호 1번부터 92번까지 모든 원자가 발견된

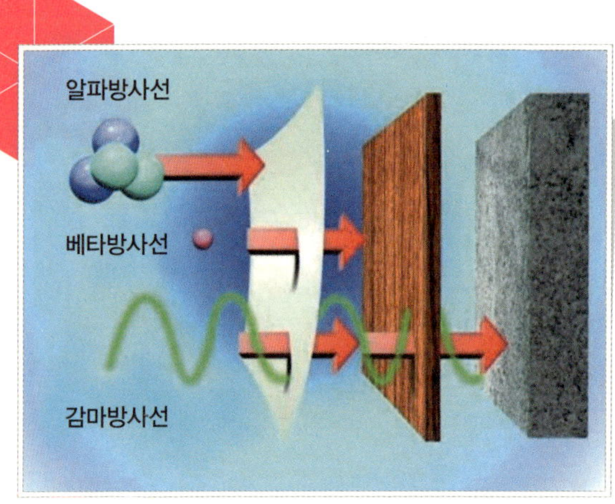

✴ **알파방사선과 베타방사선, 감마방사선의 투과력**

것은 아니었다. 예를 들어, 원자 번호 43번, 61번, 85번, 87번 원자는 발견되지 않았다. 그래서 과학자들은 이들 원자들을 발견하고 싶어 했다.

그러던 중 미국의 세그레(1905년~1989년)라는 물리학자가 43번 원자를 발견했다. 세그레는 원자 번호 42번인 몰리브덴의 원자핵을 이용해 원자 번호 43번인 원자를 만들고 싶어 했다. 그런데, 자연에 존재하는 몰리브덴의 원자량은 98번이다. 그러니까 양성자 42개와 중성자 56개로 이루어져 있는 것이다. 그래서 그는 몰리브덴의 원자핵에 양성자나 중성자를 빠르게 충돌시키는 실험을 했다.

하지만, 양성자를 충돌시키는 것은 어려웠다. 왜냐하면, 몰리브덴의 원자핵 안에는 양성자들이 모여 있는데, 여기에 양성자를 충돌시키면 양성자와 양성자가 같은 전기를 띠고 있어서 서로 밀치는 힘이 작용해 충격이 약해지기 때문이다. 그래서 세그레는 전기를 띠지 않은 중성자를 몰리브덴의 원자핵에 충돌시키는 실험을 했다.

그러자 놀라운 일이 벌어졌다. 몰리브덴의 원자핵에 흡수된 중성자가 양성자로 변한 것이다. 양성자의 수가 원자 번호이니까 몰리브덴보다 원자 번호가 하나 위인 원자 번호 43번의 원자가 만들어진 것이다. 세그레는 이 업적으로 노벨 물리학상을 받았다. 이 원자는 기술적(technical)으로 만든 원자라고 해서 '테크네튬(technetum)'이라고 불리게 되었다. 그 후 원자 번호 92번까지의 모든 원자들이 같은 방법으로 발견되었다. 이렇게 인공적으로 원자핵을 다른 원자핵으로 바꾸는 것을 '인공핵변환'이라고 부른다.

인공핵변환을 이용해 새로운 원자들이 속속 만들어지면서, 우라늄보다 무거운 원자들이 많이 만들어졌다. 과학자들은 우라늄에 중성자를 때려 우라늄 다음 원소인 원자 번호 93번 넵튜늄을 만들고, 다시 넵튜늄에 중성자를 때려 원자 번호 94번인 플루토늄을 만들었다. 이런 인공핵변환은 주로 미국캘리포니아에 있는 버클리 대학교에서 주로 이루어졌다. 그래서 원자 번호 97번 원자의 이름은 버클리 대학교의 이름을 딴 버클륨이 되었고, 원자 번호 98인 원자의 이름은 캘리포늄이 되었다.

자! 이제 드디어 과학을 이용해 금을 만들 수 있는 방법이 생겼다. 연금술이 성공을 거둔 것이다. 앞에서 중성자를 때리면 원자 번호가 하나 더 높은 원소를 만들 수 있다고 한 것을 기억하는가? 금의 원자 번호는 79번이다. 안정된 금은 원자량이 197이다. 그렇다면 원자 번호가 하나 작은 원소를 찾으면 될 것이다. 그것은 바로 원자 번호 78번인 백금이다. 과학자들은 원자량이 197인 백금의 동위 원소를 중성자로 충돌시켰다. 예상대로 중성자가 양성자로 바뀌면서 원자량이 197인 금 원자가 만들어졌다.

그렇다면, 연금술이 성공한 것일까? 물론 성공이다. 금이 아닌 금속으로 금을 만들었으니까. 하지만 이 반응에 드는 비용은 금을 사는 데 드는 비용보다 더 비싸다. 백금 자체가 금보다 비싸고 반응을 일으키는 장치에 들어가는 비용도 어마어마하기 때문이다. 그러므로 하찮은 금속으로 금을 만들어 부귀영화를 누리려던 연금술사의 꿈은 물거품이 되었다.

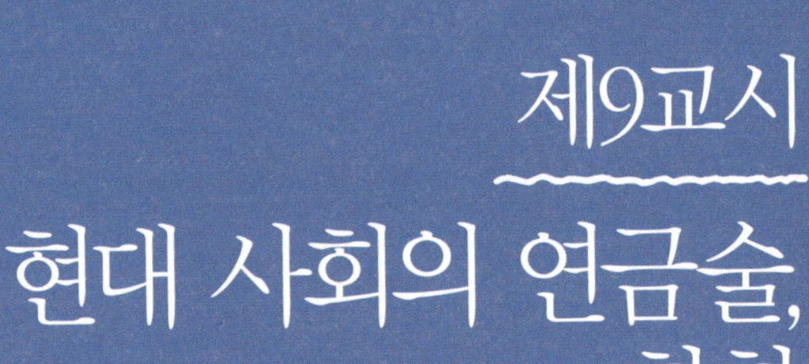

제9교시

현대 사회의 연금술,
화학

원자력 발전소는 어떻게 만들어질까?

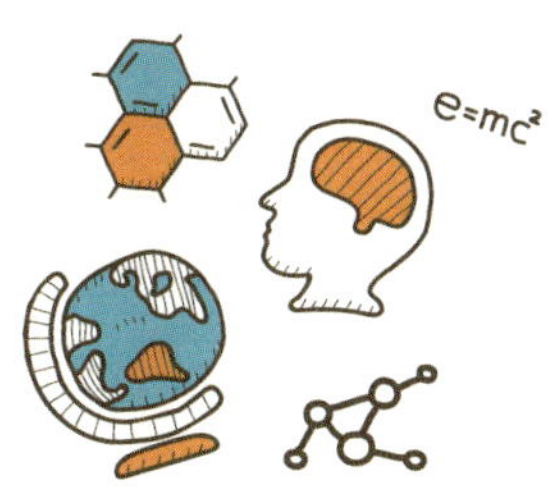

앞에서 우리는 원자핵을 에너지가 큰 중성자로 때리면 원자 번호가 하나 위인 새로운 원자핵이 나온다는 것을 알아보았다. 하지만 어떤 원자핵은 중성자로 때리면 새로운 원자핵이 나오지 않고 두 개의 가벼운 원자핵으로 쪼개진다. 이것을 '원자핵 분열'이라고 한다.

이 사실은 독일의 마이트너(1878년~1968년), 한(1879년~1968년), 슈트라스만(1902년~1980년) 등이 알아냈다. 지구상에 흔한 우라늄은 원자량이 238인 우라늄인데, 이 우라늄은 방사능을 가지고 있지 않은 안정된 물질이다. 그런데, 우라늄의 동위 원소 중에서 원자량이 235인 우라늄은 방사능을 가지는데, 이들은 방사능을 가진 우라늄에 에너지가 큰 중성자를 때려 보았다. 그랬더니 놀랍게도 이 우라늄의 원자핵이 중성자를 흡수한 뒤 원자핵이 위아래로 갈라지는 일이 벌어졌다. 그리고 이렇게 두 개의 원자핵을 만든 후 2개의 중성자가 큰 에너지를 가지고 튀어 나오는 것이었다.

이 두 개의 중성자가 우라늄의 원자핵을 다시 쪼개고 각각에서 두 개씩의 중성자가 나오니까 중성자는 모두 4개가 된다. 4개의 중성자는 다시 4개의 우라늄 원자핵을 쪼개고, 다시 각각의 반응에서 두 개씩의 중성자가 나오게 된다.

이렇게 튀어 나온 중성자의 수가 2개, 4개, 8개, 16개, 32개, 이런 식으로 늘어나게 되니까 원자핵은 점점 더 많이 쪼개지게 되고, 그에 따라 발생하는 에너지는 어마어마한 양이 된다. 이렇게 연쇄적으로 원자핵이 분열되기 때문에, 이것을 ‘연쇄 핵분열’이라고 부른다. 우라늄 1킬로그램이 연쇄 핵분열을 할 때 나오는 에너지는 석탄 230만 톤을 동시에 태울 때 나오는 에너지와 같으니까 어마어마하다. 이렇게 연쇄 핵분열을 하는 원소는 우라늄 외에도 플루토늄이 있다.

오늘날 우리에게 전기 등의 에너지를 제공해 주는 원자력 발전소는 연쇄 핵분열에서 나오는 에너지를 이용한 것이다. 그런데, 연쇄 핵분열은 너무 빠르게 일어나기 때문에 에너지가 폭발적으로 만들어진다. 이것을 이용한 무기가 원자 폭탄인데, 원자 폭탄은 한 도시를 없앨 정도로 무서운 파괴력을 갖고 있다.

원자 폭탄은 분명 무시무시한 것이지만 연쇄 핵분열의 원리를 잘

만 이용하면 유용한 에너지를 만들 수 있다. 미국의 페르미(1901년~1954년)는 연쇄 핵분열에서 나오는 에너지를 아주 조금씩 사용할 수 없을까 고민했다. 그래서 우라늄이 두 개의 원자핵으로 쪼개지는 반응이 천천히 일어나게 했다. 그러다가 중성자가 물속에서 느리게 움직인다는 것을 알아냈다. 그러므로 연쇄 핵분열 반응을 물속에서 일으키면 하나의 원자핵을 두 개의 원자핵으로 쪼갠 후 나오는 중성자들의 속도가 느려져서 반응이 천천히 일어날 거라고 생각한 것이다.

페르미의 예상은 적중했다. 물속에서 이 반응을 시켰더니 천천히 에너지가 만들어지는 것이었다. 이 에너지로 물의 온도를 올리고, 이때 생기는 열에너지로 터빈을 돌리면 전기를 만들 수 있

🔆 수중 원자 폭탄 실행 장면

1946년 7월 1일에 태평양 비키니환초에서 미국이 수중 원자 폭탄 실험을 했다. 제2차 세계 대전 때 일본에 원자 폭탄이 투하되어, 수많은 사람이 목숨을 잃었다.

🔆 울진 원자력 발전소

원자력 발전은 우라늄과 플루토늄의 원자핵 분열이 물속에서 이루어지게 하여 에너지를 만들어 낸다.

핵융합 발전은 핵분열 방식인 원자력 발전과 달리 바닷물에서 뽑은 중수소와 리튬에서 나오는 삼중수소를 연료로 사용한다. 방사능이 새어 나오지 않고 온실 가스도 거의 발생하지 않아서 미래의 에너지원으로 주목받고 있다. 우리나라의 대덕연구단지 국가핵융합연구소에서는 시험용 핵융합로인 'KSTAR'를 보유하고 있다.

다. 이것이 바로 원자력 발전이다. 이렇게 속도를 달리하면 무시무시한 원자 폭탄이 원자력 발전소로 바뀌는 것이다.

우라늄이나 플루토늄을 연쇄 핵분열하는 과정에서는 많은 방사능이 새어 나온다. 이 방사능은 매우 위험한데, 원자력 발전소는 방사능이 바깥으로 새어 나올 수 없게 두꺼운 콘크리트로 벽을 만들고, 그 안에서 반응을 시키기 때문에 주위에 방사능이 새어 나가지 않는다. 그러므로 원자력 발전은 석유나 석탄 또는 수력에 의존하고 있는 발전 방식에서 벗어나 오늘날 유용한 에너지원으로 쓰이고 있다.

원자핵이 두 개의 원자핵으로 쪼개지는 연쇄 핵분열 과정은 우라늄과 같은 무거운 원자에서 일어난다. 그와는 반대로 가벼운 원자핵 두 개가 달라붙어서 무거운 원자핵이 만들어지기도 하는데, 그것을 '핵융합'이라고 한다. 이러한 원리를 이용한 발전을 핵융합 발전이라 하는데, 핵융합 발전은 원자력 발전보다 더 많은 에너지를 이용할 수 있다. 얼마 전에 일본 후쿠시마에서 원자력 발전소 사고가 발생하자 원자력 발전의 위험성을 걱정하는 사람이 많은데, 핵융합 발전은 원자력 발전보

 별은 연금술사?

다 안전해서 과학자들이 이 분야를 연구하고 있다.

그런데, 태양이 거대한 핵융합 발전소라는 것을 알고 있는가? 태양의 빛과 열은 바로 핵융합으로 생긴 에너지이다. 그럼, 원자핵이 어떻게 달라붙는지 그 과정을 살펴보자. 핵융합이 일어나려면 우선 온도가 10,000도 정도가 되어야 한다. 따라서 태양처럼 뜨거운 천체에서는 핵융합이 일어날 수 있다. 앞에서 우리는 원자핵 주위에 전자가 돌고 있다는 것을 알아보았는데, 가장 가벼운 원자인 수소는 원자핵인 양성자 주위를 전자 하나가 돌고 있다. 그런데 온도가 높아지면 원자 속의 전자는 큰 에너지를 받게 된다. 그래서 원자핵인 양성자로부터 멀리 떨어지게 된다.

그렇게 되면 전자들이 떨어져 나간 후, 양성자들만 덩그러니 남게 된다. 이때 남아 있는 양성자들은 두 개씩 달라붙는다. 그런데 이때 다시 놀라운 변신이 일어난다. 달라붙은 두 개의 양성자 중 하나가 중성자로 변하고, 이 반이 서로 달라붙는다. 이 과정에서 에너지가 발생하는 것이다.

그러면 양성자 하나와 중성자 하나로 된 중수소의 원자핵이 만들어진다. 이렇게 만들어진 중수소의 원자핵들도 다시 두 개씩 달라붙은 핵융합 반응이 일어난다. 그리고 중성자 두 개와 양성자 두 개로 이루어진 헬륨의 원자핵이 만들어진다. 물론, 이 과정에서도 에너지가 발생한다. 이런 식으로 가벼운 원자핵들이 달라붙어 점점 무거운 원자핵을 만들어 가면서 에너지가 발생하는 것이 바로 핵융합 반응이다.

태양

태양은 핵융합으로 생긴 에너지로 빛과 열을 내는, 태양계에서 가장 큰 핵융합 발전소이다.

태양과 같이 스스로 빛과 열을 내는 천체를 '항성'이라고 한다. 항성들은 거의 대부분 수소로 이루어져 있는데, 태양과 같은 항성들은 온도가 높다. 그래서 수소의 원자핵들이 핵융합을 일으켜서 중수소의 원자핵을 만들고, 다시 중수소의 원자핵들이 핵융합을 하여 헬륨의 원자핵을 만든다. 이런 식으로 점점 무거운 원자의 원자핵을 만들게 된다. 이 과정에서 나오는 에너지가 태양의 빛과 열을 만드는 것이다.

태양 속에서는 핵융합을 통해 탄소, 산소, 네온, 알루미늄, 마그네슘, 철 등의 원자들이 만들어진다. 그런데 철은 굉장히 안정적인 원자이기 때문에 더 이상 핵융합이 일어나지 않는다. 그러므로 태양 속의 모든 원자들이 철이 되면 태양은 더 이상 핵융합을 할 수 없게 되고, 열과 빛을 낼 수 없는 별이 된다. 이것을 '별의 죽음'이라고 하는데, 태양은 50억 년 뒤에는 죽은 별이 될 것이다.

현대 과학의 빛나는 돌, 반도체

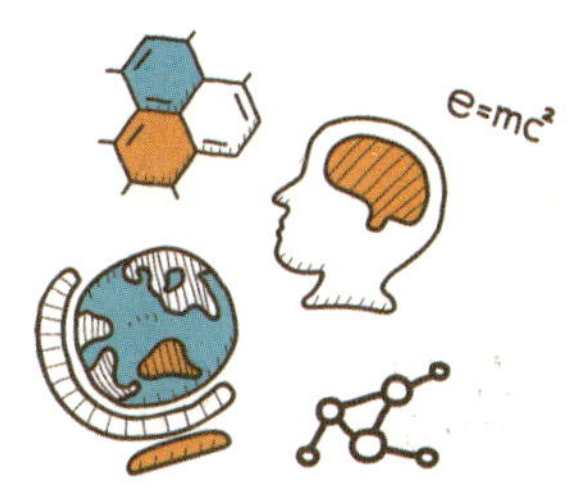

아마도 20세기 최고의 발명품은 반도체일 것이다. 지금 여러분이 사용하는 모든 전자 제품들(컴퓨터, 스마트폰, 게임기, TV 등)에는 많은 반도체가 들어 있다. 반도체에는 수많은 자료를 저장할 수 있다. 그리고 반도체는 더 작은 크기에 더 많은 양의 자료를 저장할 수 있도록 발전하기 때문에, 반도체를 이용하는 전자 제품의 크기는 점점 작아지고 기능은 더 좋아지고 있다.

반도체는 도체와 부도체의 중간 성질을 띤 물체이다. 그럼, 도체와 부도체는 무엇일까? 간단히 말해 도체는 전기를 잘 흐르게 하는 물체이다. 대부분의 금속은 전류를 잘 흐르게 하기 때문에 도체이다. 그와 반대로 유리나 돌, 나무와 같은 화합물은 전류를 잘 흐르지 못하게 하므로 부도체이다.

금속에는 자유 전자들이 많이 있다. 자유 전자는 원자핵에 붙잡혀 있지 않고 언제든지 자유롭게 움직일 수 있는 전자이다. 이러한 자유 전자들은 금속의 표면에 모여 있다. 그래서 금속에 전류를 흘려보내면 수많은 자유 전자들이 금속 표면을 따라 움직이면서 전류가 잘 흐르게 된다. 그러므로 전류를 전달하는 전선은 구리와 같은 금속으로 만드는 것이다.

반대로, 유리와 같은 부도체 속에는 자유 전자들이 별로 없다. 그러니까 대부분의 전자들이 원자핵에 붙잡혀 그 주위를 빙빙 돌고 있다. 이런 전자들은 전류를 잘 흐르게 하기는커녕 오히려 전류의 흐름을 방해하는 역할을 한다. 그래서 부도체로 전선을 만들면 전류가 잘 흐르지 않게 된다.

그렇다면 반도체는 전류를 잘 흐르게 할까, 아니면 흐르지 않게 할까? 반도체는 평상시에는 부도체이지만 열을 가하거나 불순물을 넣어 주면 도체가 되는 성질이 있는 물체이다. 실리콘이나 게르마늄은 대표적인 반도체이다.

그럼, 반도체는 어디에 사용될까? 컴퓨터 안을 들여다보면 지네처럼 발이 여러 개 달린 부품이 붙어 있다. 이것은 많은 양의 자료를 기억할 수 있는 집적 회로인데, 흔히 IC(Integrated Circuit)라고 부른다. 반도체는 바로 IC를 만드는 재료이다. 집적 회로는 나날이 발전하고 있어서, 지금은 손톱만 한 크기에 백과사전의 모든 내용을 담을 수 있게 되었다.

세상을 바꾸는 탄소 나노 튜브

여러분은 연필심으로 사용하는 흑연과 보석의 왕이라고 부르는 다이아몬드가 똑같은 원소인 탄소로 이루어져 있다는 것을 알고 있는가? 그런데 왜 흑연은 검은색을 띠고 다이아몬드는 아름다운 광택을 지니고 있을까?

그것은 바로 흑연과 다이아몬드 속의 탄소 원자들이 놓여 있는 모습이 다르기 때문이다. 흑연은 탄소가 육각형 벌집 모양으로 층층이 쌓여 있는 구조로 되어 있다. 이런 구조는 층과 층 사이의 결합력이 약하기 때문에 층 사이가 쉽게 떨어진다. 그래서 흑연으로 이루어진 연필심은 쉽게 부러지는 것이다. 반면에 다이아몬드는 네 개의 탄소 원자들이 정사면체를 이루고 이들 정사면체 구조가 연결되어 있다. 이 구조는

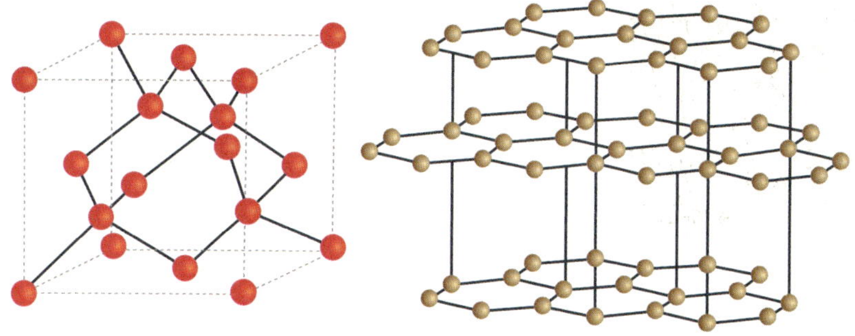

결합력이 강하기 때문에 쉽게 부서지지 않는다. 그래서 다이아몬드가 단단한 것이다.

1985년, 영국의 화학자 크로토(1939년~), 미국의 화학자 스몰리(1943년~)와 컬(1933년~)은 탄소 원자들이 만들어 내는 새로운 구조를 찾아냈다. 이들이 찾아낸 것은 탄소 원자 60개로 이루어진 신기한 구조의 물질이었다. 이것은 탄소 원자가 축구공의 60개 꼭짓점에 박혀 있는데, 세 과학자는 이것을 '풀러렌'이라고 불렀다. 세 과학자는 풀러렌을 발견해 1996년에 노벨 화학상을 수상했다.

1991년에 과학자들은 풀러렌을 연구하는 과정에서 우연히 새로운 것을 발견했다. 그것은 지름이 1나노미터(1나노미터는 1미터의 10억 분의 1이다. 기호는 nm)밖에 안 되지만 길이는 수 센티미터가 되는 탄소로 이루어진 튜브이다. 과학자들은 이 튜브의 이름을 '탄소 나노 튜브'라고

✳ 축구공은 12개의 정오각형과 20개의 정육각형으로 이루어져 있다. 축구공은 모든 면이 정삼각형인 정이십면체의 모든 꼭짓점을 아래 그림처럼 정오각형 모양으로 잘라낸 모양이다.

불렀다. 탄소 나노 튜브는 흑연처럼 육각형의 벌집들로 이루어져 있지만 다이아몬드처럼 단단하고 높은 온도에서도 모양이 변하지 않는다. 이런 특성 때문에 탄소 나노 튜브는 수술용 마이크로 기계식 집게와 가위 또는 인공 근육 장치 등에 사용되고 있다.

✳ 이 축구공의 각 꼭짓점에 탄소 원자가 붙어 있는 구조가 바로 풀러렌이다. 풀러렌은 매우 안정된 구조를 가지고 있어서 높은 압력과 높은 온도를 견딜 수 있는 물질이다. 풀러렌은 고체 상태에서는 전기가 통하지 않는 물질이지만 풀러렌과 칼륨의 화합물은 영하 255도에서 초전도 성질을 띤다. 초전도란 물질의 전기 저항이 0이 되는 것을 말한다. 이렇게 전기 저항이 0이 되면 전류가 초전도 물질을 지나갈 때 저항으로 인한 열 손실이 없어서 전기 에너지를 낭비하지 않게 된다. 그러므로 풀러렌과 칼슘의 화합물은 새로운 초전도 물질로 각광을 받고 있다.

 별은 연금술사?

환경을 살리는 황금의 돌, 수소 저장 합금

오늘날, 사람들은 석유와 석탄 같은 화석 연료를 주 에너지원으로 사용하고 있다. 하지만 화석 연료는 탈 때 대기를 오염시키는 물질을 배출하고, 대기 중의 이산화탄소의 농도를 증가시켜 지구 온난화를 일으킨다. 또, 화석 연료는 가까운 미래에는 모두 사라질 자원이다. 그러다 보니, 사람들은 효율도 좋고 오염 물질을 배출하지 않는 에너지를 찾게 되었는데, 그것은 바로 수소 에너지이다.

수소는 잘 타는 기체로 공기나 산소와 접촉하면 쉽게 불이 붙는다. 즉, 수소와 공기를 혼합시킨 기체는 작은 불꽃만으로도 폭발적인 연소 반응을 일으키면서 큰 에너지를 만들어 낸다. 게다가 수소가 탈 때는 오염 물질이 생기지 않는다. 물은 수소와 산소의 화합물이므로 수소는 지구에 있는 엄청나게 많은 양의 물로 만들 수 있고, 사용 후에는 다시 물이 되어 버리기 때문에 화석 연료처럼 고갈되지 않는다.

하지만 수소는 이런 좋은 점에도 불구하고 저장하기가 매우 어려운 기체이다. 많은 양의 수소를 저장하기 위해서는 150기압 정도의 높은 압력으로 압축해야 한다. 그래서 수소의 부피를 줄이기 위해 액체 수소를 사용하기도 하는데, 이 경우에도 액체가 되는 영하 253도 이하로 온도를 낮추어야 하므로 에너지가 많이 소모되기 때문에 경제적이지 못하다.

이런 문제를 해결한 것이 바로 수소 저장 합금이다. 수소 저장 합금은 금속 원자 사이의 빈 공간에 수소를 저장해 두었다가 필요할 때에 합금을 가열해 수소가 발생하게 하는 것이다. 이렇게 수소를 저장할 경우, 액체 수소나 고압 수소에 비해 수소의 밀도를 매우 높일 수 있다.

그럼, 수소 저장 합금은 어디에 사용될까? 가장 기대를 걸고 있는 분야는 수소 저장 합금을 장착한 수소 자동차이다. 석유 대신 수소 저장 합금의 수소를 연료로 사용하면 환경도 보호하고 에너지 효율도 높일 수 있다. 현재 미국, 일본 등의 선진국에서 연구가 활발히 진행되어 많은 실험 차량들이 제작되고 있다. 우리나라는 1993년에 최초의 수소 자동차 '성균 1호'가 개발되었다. 하지만 현재까지 개발된 수소 저장 합금은 너무 무거워서 과학자들은 좀 더 가벼우면서 많은 양의 수소를 저장할 수 있는 합금을 찾고 있다.

다음으로 유망한 분야는 냉난방 시스템이다. 수소 저장 합금의 압

력을 낮추면, 저장하고 있던 수
소를 내보내고, 이때 주위의 열을
흡수한다. 그러므로 주위의 온도
는 낮아진다. 이 방법으로 온도를
영하 30도까지 낮출 수 있고 반대
로 수소가 들어올 때는 열을 방출
하기 때문에 난방기로도 사용할
수 있다. 조만간 수소 저장 합금을
이용한 에어컨이 등장할 것이다.

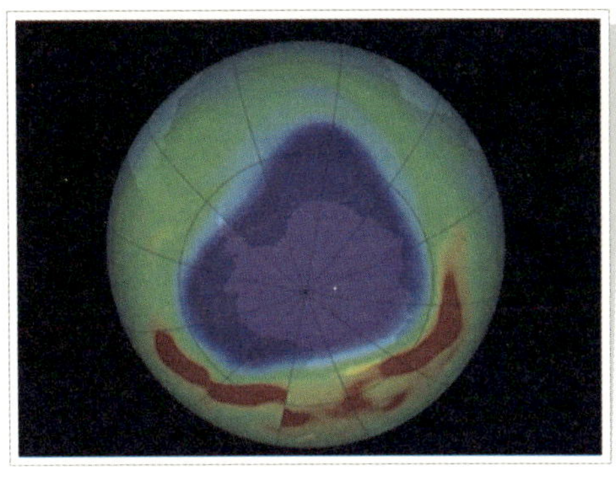

✡ 북극 지역의 파괴된 오존층

보라색으로 나타난 부분이 오존층이 파괴된 북극 지역인
데, 오존층이 파괴되면 태양의 자외선이 지구에 직접 전달
된다. 자외선이 지표면에 도달하면 대부분의 생물들은 피
해를 입거나 죽을 것이다.

　　현재 우리가 사용하는 에어컨
이나 냉장고는 프레온 가스를 사용한다. 프레온 가스는 스프레이에도
사용되는데, 이 기체는 대기권 위로 올라가 오존층에 있는 오존을 없
앤다. 오존층의 오존은 태양으로부터 오는 강한 자외선을 흡수하여 지
구에 강한 자외선이 내리 쬐지 않게 보호한다. 하지만 프레온 가스를
많이 사용하게 되면, 오존층에 있는 오존의 양이 줄어들어 지구가 강
한 자외선으로부터 안전할 수 없게 된다. 수소 저장 합금은 그 문제를
해결할 수 있다. 모든 에어컨과 냉장고에 프레온 가스 대신 수소 저장
합금을 사용하면, 프레온 가스의 배출량이 줄어들어 지구의 소중한
오존층을 지킬 수 있다.

　　이제까지 우리는 화학이 어떻게 시작되었고, 화학이 어떻게 발전해
왔는지를 알아보았다. 연금술사들은 비록 황금을 만들어 내지 못했지

만 연금술을 연구하는 과정에서 근대 화학이 탄생하게 되었고, 화학으로 인해 세상은 점점 발전하게 되었다. 그러므로 화학은 세상을 이롭게 하는 '빛나는 별'이다. 즉, 별(화학)은 세상에 황금보다 더 값진 것을 선물하는 '연금술사'이다.

유명한 과학자 파인만은 과학은 '교실이 아닌 생활 속에서 발견해야 한다.'고 말했다. 우리도 교과서 속의 중요한 이론과 법칙을 암기하는 것에 그치지 말고, 자신이 익힌 과학 지식을 생활 속에서 어떻게 활용할 것인지 고민해 보자. 이제 내일의 위대한 과학자가 될 여러분이 화학으로 자연과 인간이 더불어 사는 새로운 세상, 살기 좋은 세상을 만들어 나가길 바란다.